慢享烘焙好时光

董　辉◎主编

吉林科学技术出版社

图书在版编目（CIP）数据

慢享烘焙好时光 / 董辉主编. -- 长春 : 吉林科学技术出版社, 2019.10

ISBN 978-7-5578-5056-2

Ⅰ. ①慢… Ⅱ. ①董… Ⅲ. ①烘焙—糕点加工 Ⅳ. ①TS213.2

中国版本图书馆CIP数据核字(2018)第187584号

慢享烘焙好时光 Man Xiang Hongbei Hao Shiguang

主　　编　董　辉
出 版 人　李　梁
责任编辑　朱　萌
封面设计　张　虎
制　　版　长春美印图文设计有限公司
幅面尺寸　167 mm×235 mm
字　　数　220千字
印　　张　14
印　　数　1—6 000册
版　　次　2019年10月第1版
印　　次　2019年10月第1次印刷

出　　版　吉林科学技术出版社
发　　行　吉林科学技术出版社
地　　址　长春市净月区福祉大路5788号出版集团A座
邮　　编　130118
发行部电话/传真　0431-81629529　81629530　81629531
　　　　　　　　　81629532　81629533　81629534
储运部电话　0431-86059116
编辑部电话　0431-81629518
印　　刷　吉广控股有限公司

书　　号　ISBN 978-7-5578-5056-2
定　　价　45.00元
如有印装质量问题　可寄出版社调换

Foreword
前言

这是一本关于烘焙的美食秘籍，有饼干、蛋糕、面包和一些其他品类西点的详细做法。每一款美食的制作方法都简单易学，希望给每一位读者甜蜜而流连忘返的烘焙体验。

作者对书中的每一款美食都进行了详尽的讲解，并附以步骤图，还在烘焙单元细心地加入了制作小贴士，这些小贴士都是作者在多年的烘焙制作过程中总结出的经验，让成功做烘焙从第一次尝试开始。

烘焙是一种快乐的生活体验。在一个阳光明媚的午后，邀三五知己或家人小聚，花一点儿心思，用一点儿时间，烤制一份蛋糕也好，制作几块饼干也罢，或准备一杯订制款的布丁，让生活充满情调。

衷心希望这本书能成为您烘焙之路上的良师益友，使您学会烘焙，爱上烘焙，从烘焙中获取源源不断的快乐。

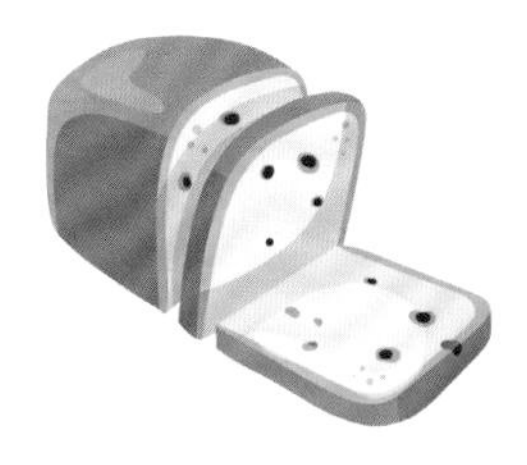

Contents

目录

PART 3
面包篇

PART 4
其他西点篇

烘焙所需要的材料

低筋面粉

中筋面粉

高筋面粉

面粉

面粉分为高筋面粉、中筋面粉和低筋面粉三种。高筋面粉用来制作面包，中筋面粉用来制作中式点心、蛋挞皮与派皮，低筋面粉用来制作蛋糕和饼干。

白砂糖

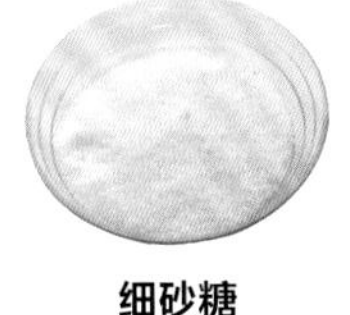

细砂糖

糖粉

砂糖、糖粉

砂糖分为白砂糖、黄砂糖、红砂糖，可据各自用途来选用。把砂糖磨成粉状，加入淀粉混合而成的就是糖粉，糖粉广泛使用于蛋糕装饰、糖衣和曲奇的制作中。粗砂糖是大块状砂糖，用于撒在面包或曲奇表面；细砂糖是颗粒较小的砂糖，用于一般的蛋糕和饼干的制作。

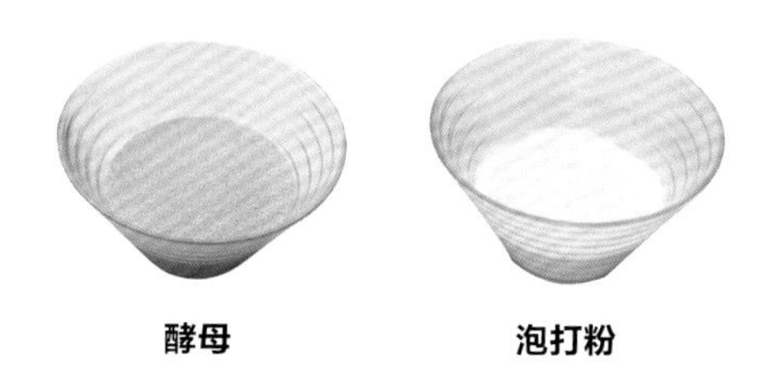

酵母　　泡打粉

膨松剂

酵母可使面坯发酵，它大致分为鲜酵母、干酵母和即发酵母粉三种。泡打粉作为使蛋糕和曲奇膨胀的一种化学膨松剂，可以去除苦味并使面坯发酵。泡打粉的膨松系数是烘焙用小苏打的2～3倍，它可使坯料向两侧膨胀。

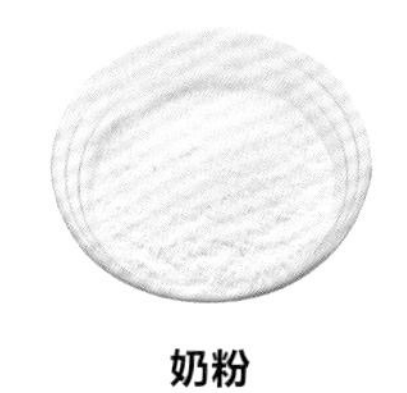

奶粉

奶粉

奶粉是将牛奶脱水后制成的粉末。烘焙时加入奶粉可以增加制品的奶香味。

抹茶粉　　可可粉

咖啡粉　　榛子粉

杏仁粉

其他粉类

目前市场上有许多天然粉类，例如抹茶粉、可可粉、咖啡粉等，将它们加到面包、饼干和蛋糕中便可呈现出多种颜色。可可粉是可可豆磨碎而成，可用于制作饼干或蛋糕。榛子粉是榛仁磨碎而成，在烘焙中经常用到。杏仁粉是用杏仁磨成的粉，将其添加在蛋糕中，可以丰富蛋糕的口味。

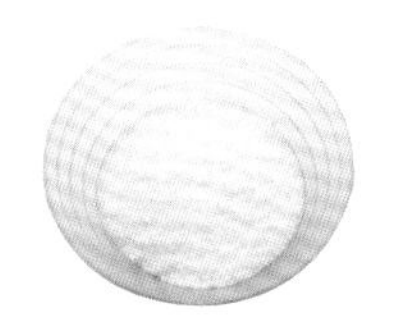

盐

盐

在制作面包时，盐会抑制酵母的发酵。盐加入烘焙制品中，可以调节口味，提高韧性和弹性。

核桃

葡萄干

坚果、果脯

核桃在锅中稍微炒一下，或在烤箱中烤至酥脆，可除杂味，味道更香。果脯主要有葡萄干、蓝莓干、蔓越莓干等，使用前最好在朗姆酒或温水中泡一下。

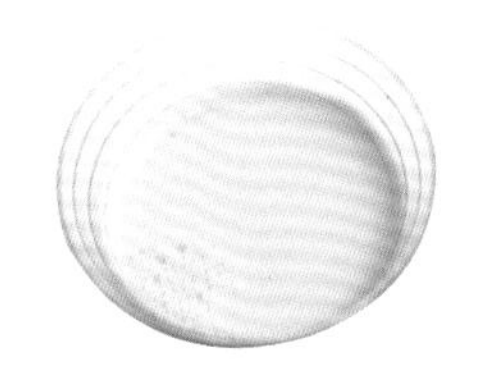

牛奶

牛奶

制品中加入牛奶可以增加面团的湿润度，也可使制品有奶香味。

淡奶油

淡奶油

淡奶油是由牛奶提炼而成的，将其打发成奶油，可以用于装饰或裱花。淡奶油需要冷藏保存。

乳酪

乳酪

乳酪是牛奶制成的发酵品，可以用来做蛋糕、面包。

鸡蛋

鸡蛋

制作面包、饼干、蛋糕都要加入鸡蛋，通常把鸡蛋置于室内常温储存，长时间保存建议冷藏。一枚鸡蛋的质量一般为50克，蛋白、蛋黄和蛋壳的比例为6：3：1。

巧克力酱

巧克力

白芝麻

黑芝麻

花生碎

肉松

椰丝

蜜红豆

红豆沙

果酱

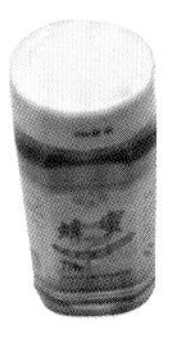

蜂蜜

其他添加材料

巧克力酱、巧克力、白芝麻、黑芝麻、花生碎、肉松、椰丝、蜜红豆、红豆沙、果酱、蜂蜜等都是烘焙的添加材料，可以丰富制品口感。

黄油

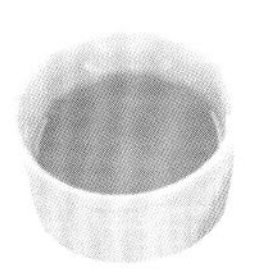

植物油

油

油是烘焙的基本原料之一。黄油通常使用无盐黄油，有时还可以加入配料油。无盐黄油也可用人造黄油、起酥油替代，但口味和营养都不如无盐黄油，反式脂肪酸含量又高，最好不用。烘焙中还经常使用植物油和橄榄油。

烘焙所需要的工具

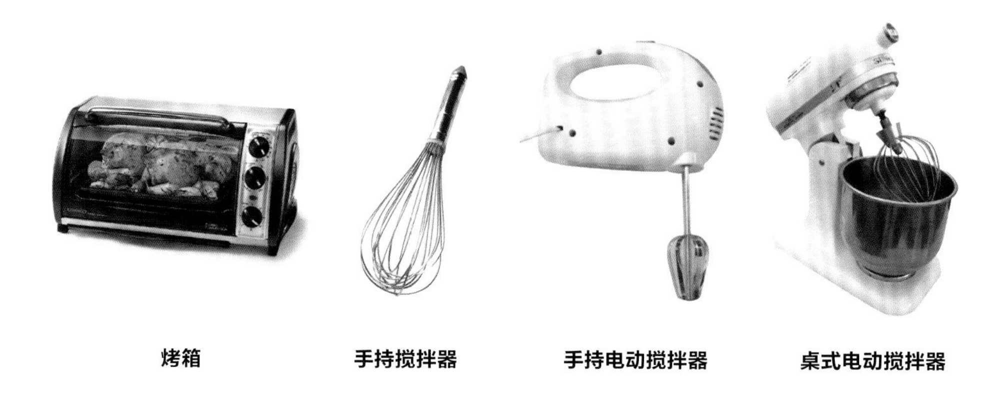

烤箱　　手持搅拌器　　手持电动搅拌器　　桌式电动搅拌器

烤箱是烘焙的必备工具。烤箱有天然气烤箱、电烤箱和传统燃料烤箱等多种类型。无论选什么类型，适合自己最重要。

烘焙中通常需要两种搅拌器，一种是手持搅拌器，另一种是电动搅拌器。一般来说：手持的用来搅拌蛋黄糊；电动的用来打发蛋白、淡奶油等，食材量少的时候可以用手持电动搅拌器，量大的话，就需要用桌式电动搅拌器了。

电子秤　　量杯　　量匙

在西点制作过程中，正确地称量食材的质量可以提高配方的成功率。

电子秤可以用来称量多种食材，在称量之前要记得去掉盛放食材的器皿的质量。

量杯可以用来测量液体食材。使用量杯时一定要在平的操作台上进行，从正面查看刻度。

量匙可以用来测量少量的液体和粉类食材。量粉类食材时，盛满一匙后，表面超出的部分用手指或者尺子刮掉即可。

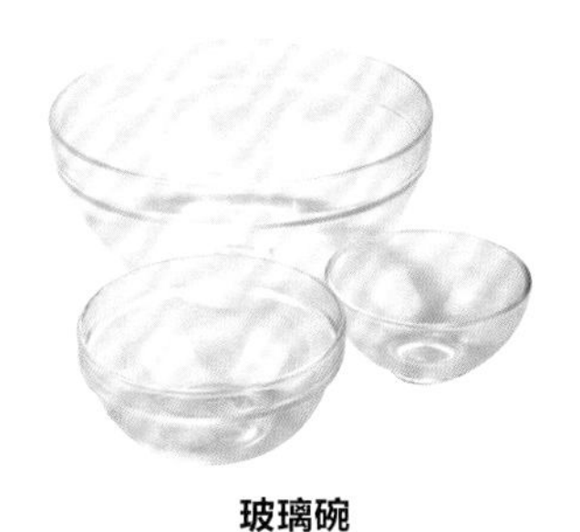

玻璃碗

双层盆

搅拌盆

根据不同的需求，可以在制作西点的过程中选择合适大小的盆和碗。盛放原料，混拌面糊、蛋白霜，打发淡奶油，隔水加热，静置冷却等过程都需要用到盆和碗。

不锈钢盆的传导性较好，用于隔水加热或者隔冰水降温时，能够快速导热。玻璃碗隔热效果好，而且美观实用。

大小锯齿刀

这种刀具主要用来切割蛋糕。

大小橡皮刮刀

用来混拌材料，也可以用来刮除粘在搅拌盆上的面糊、奶油等。

蛋糕模

烘烤蛋糕的模具，有不同的尺寸和形状。

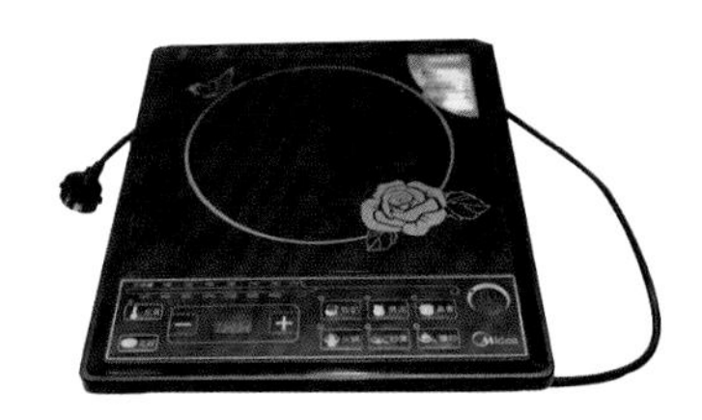

电磁炉

用来加热浆料、烫制泡芙面糊或者熬煮糖浆等。

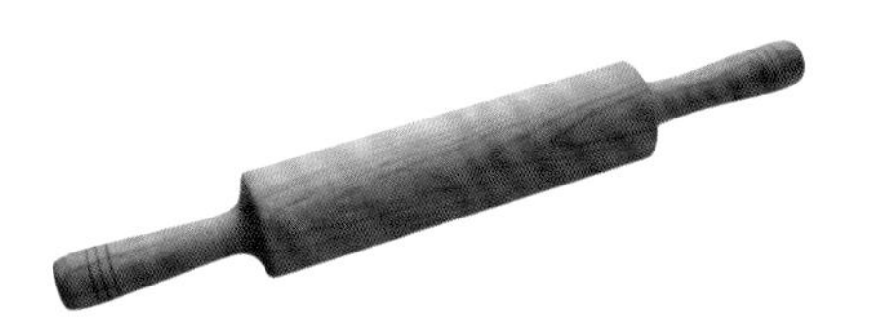

擀面杖

用来擀制面团的工具。

钢尺

可以正确量出长度，也可用于切割面团和蛋糕。

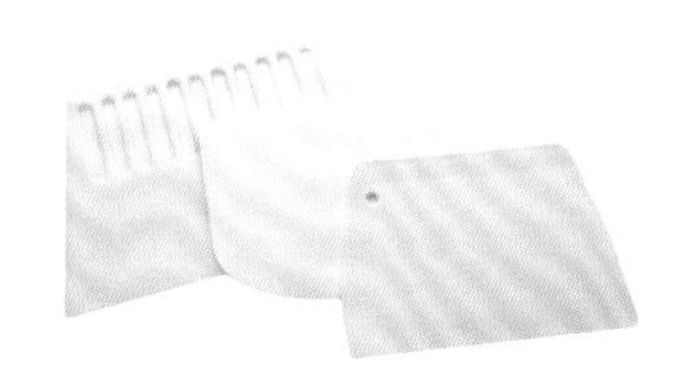

刮板

用于混拌材料，或者将盆内剩余的面糊等刮出来。

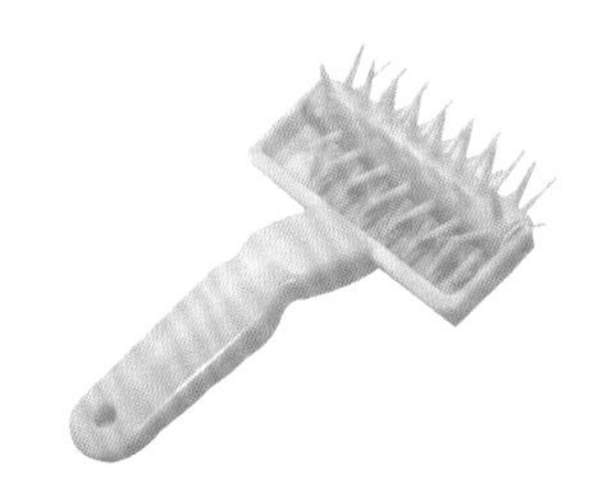

滚轮针

用来给面皮扎孔的工具。

裱花嘴

将奶油或者面糊等挤出的工具，裱花嘴有不同大小和形状，操作者可以根据需要选择合适的型号。

烤盘

用于盛放烘烤制品的器皿。

软胶模

烘烤蛋糕的模具。

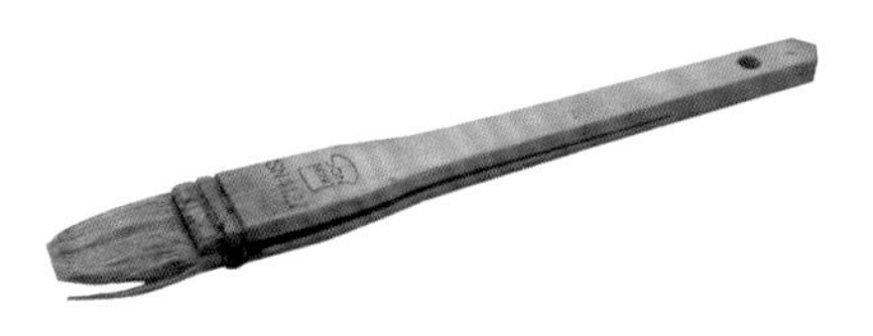

毛刷

用来涂抹糖浆或者蛋液等的工具。

抹刀

用来抹面的工具。

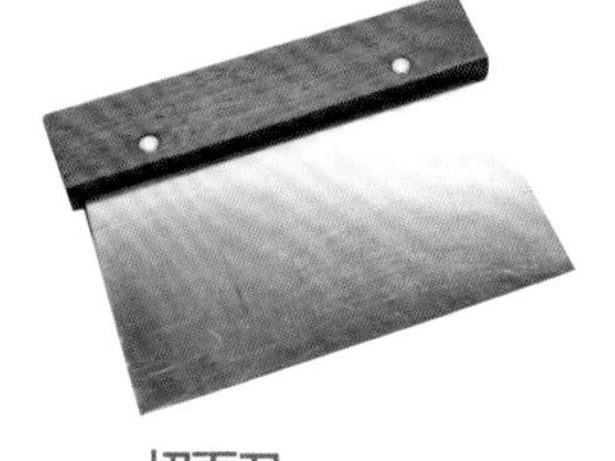

切面刀

用来分割面团的工具。

吐司模

烘烤吐司的模具。

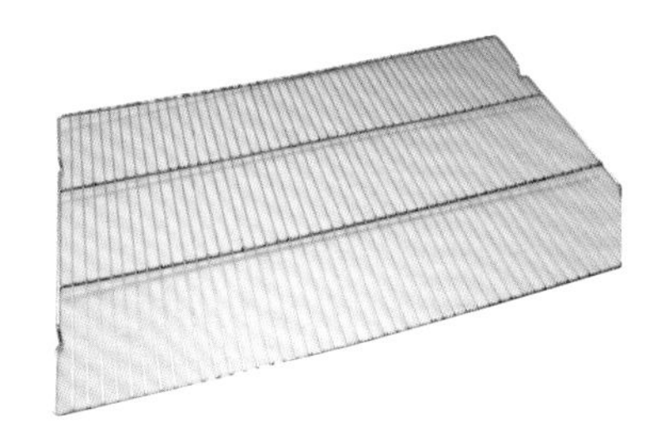

网架

用来放置烤好的制品，使其冷却。

网筛

用于粉类材料或者液体材料的过筛。

压模

可以压出各种大小的圆形面饼。

小奶锅

用于熬制奶油、馅料、酱汁或糖浆等。

备注：

1. 不同烤箱的性能存在差异，因此本书中所写的烘烤时间仅供参考。具体的烘烤时间和温度可以做微调。烘烤时可根据烘烤制品的状态来调整时间。

2. 若无特别标识，本书中用到的鸡蛋的质量一般在50克左右。

3. 烘烤之前烘焙制品刷的蛋液，刷烤盘的黄油、植物油均不包含在配方里。如不特殊说明，蛋液指的是鸡蛋的全蛋液。

4. 如不特殊说明，本书中的黄油均为无盐黄油。

5. 为了方便操作，本书将液体的计量单位也计为克，可以一同使用电子秤称重操作，省去了单独使用量杯的麻烦。

PART 1

饼干篇

奶油曲奇饼干

奶油曲奇饼干

曲奇是cookie的英语音译。曲奇制作时一般都会添加砂糖和黄油，属于高糖、高油的高热量食品，不宜多吃。

原料

低筋面粉 …… 500克　　糖粉………… 150克

黄油………… 200克　　鸡蛋……………… 1个

小贴士

曲奇饼干要用低筋面粉，而且黄油不要过度打发，这样能够使曲奇的花纹更加清晰漂亮。

扫一扫
详细步骤视频
即可呈现

制作步骤

1. 将黄油切成小块，放入金属容器中。
2. 将金属容器泡入沸水中，隔水熔化黄油至呈液体状。
3. 将糖粉过筛，然后加入黄油搅拌均匀。
4. 加入蛋清搅拌均匀，然后加入蛋黄继续搅拌至糖浆黏稠有韧性。
5. 将低筋面粉筛入搅拌好的蛋糊中，然后用硅胶铲继续搅拌均匀。
6. 将搅匀的面糊放入裱花袋中，然后挤到不粘烤盘上。
7. 将烤箱预热，然后将烤盘放入烤箱，上火 180℃，下火 160℃，烤制 20 分钟即可。

芝麻薄脆饼干

芝麻薄脆饼干

这种薄脆饼又薄又脆，非常适合老年人吃。牙口不好的老人也可以嚼得动，入口就酥散了。制作的时候可以根据口味增减糖量，少糖的芝麻薄脆饼也可以当作日常的小零食。储藏时应注意保持干燥，否则就不酥脆了。

原料

低筋面粉……… 40克　　白芝麻………… 80克
鸡蛋……………… 1个　　黄油…………… 40克
细砂糖………… 70克

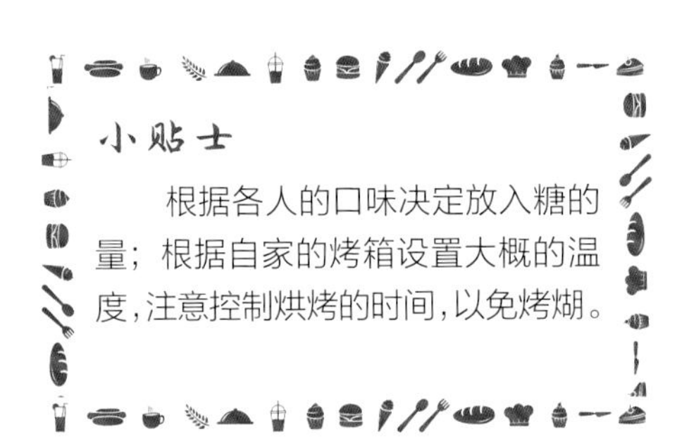

小贴士

根据各人的口味决定放入糖的量；根据自家的烤箱设置大概的温度，注意控制烘烤的时间，以免烤煳。

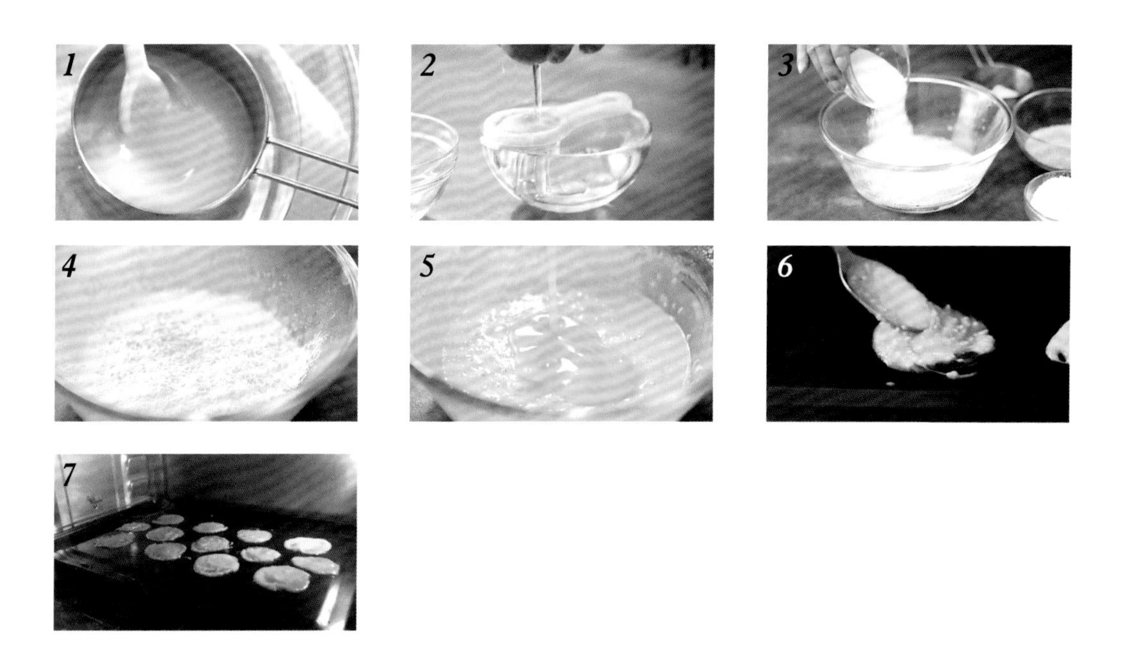

制作步骤

1. 容器中倒入热水，将黄油隔水加热熔化。

2. 取蛋白，然后打散。

3. 放入细砂糖，充分搅拌至糖完全溶化 。

4. 筛入低筋面粉，倒入白芝麻搅拌均匀。

5. 倒入熔化的黄油，搅拌均匀。

6. 取一小勺饼干糊平摊在抹好黄油的烤盘上。

7. 放入预热好的烤箱中，上下火 180℃，烤 12 分钟左右即可。

海苔饼干

海苔饼干

海苔其实就是咱们常吃的紫菜。海苔一词源自日本，在日语中，海苔就写作“海苔”。但是日本的海苔加工非常精细，烤制后的口感和味道更好，所以现在海苔比紫菜更受欢迎。海苔中有很多有益人体的成分，所以妈妈们会经常烤海苔饼干给小朋友吃。我们会将海苔饼干做成多种动物的形状，个头也不大。这样小朋友吃海苔饼干时就没有负担了。

原料

低筋面粉……100克
盐……2克
海苔……2克
抹茶粉……2克
小苏打……1克
植物油……25克
酵母粉……1克
水……35克

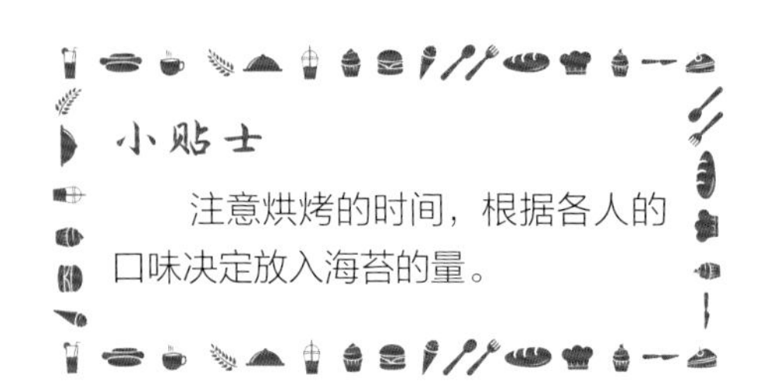

小贴士

注意烘烤的时间，根据各人的口味决定放入海苔的量。

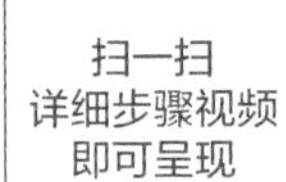

扫一扫
详细步骤视频
即可呈现

制作步骤

1. 将低筋面粉过筛到容器中。
2. 放入海苔、酵母粉、盐、小苏打。
3. 放入抹茶粉，搅拌均匀。
4. 倒入植物油、水，用硅胶铲搅拌均匀。
5. 将面团盖上保鲜膜，饧发 20 分钟。
6. 把面团擀成 3 ~ 5 毫米厚的面片。
7. 用饼干模型压制成造型各异的饼干坯。
8. 将饼干坯摆放到烤盘上，放入预热好的烤箱中，以上下火 180℃烤 20 分钟即可。

消化饼干

消化饼干

消化饼干的名称来自英文digestive biscuit的翻译，消化饼干在英国非常普及。消化饼干最早出现在19世纪末到20世纪初，当时的食品工厂会在消化饼干中加入少量的碳酸氢钠用以中和过多的胃酸，所以人们起了消化饼干这个名称。随着营养学的不断进步，厂商也意识到这是一种对大众消费的误导，所以现在负责任的饼干厂商一般都会标注“消化饼干不含任何可以帮助消化的成分”，但是消化饼干这个名称被保留了下来。

如果做硬底蛋糕时你想偷懒，可以把碾碎的消化饼干加一点儿黄油搅拌，铺在蛋糕模具底部，直接做芝士蛋糕或慕斯蛋糕的饼坯。

原料

全麦粉………… 85克
低筋面粉……… 65克
细砂糖………… 10克
红糖…………… 30克
鸡蛋………………… 1个
泡打粉……………… 1克
黄油……………… 65克

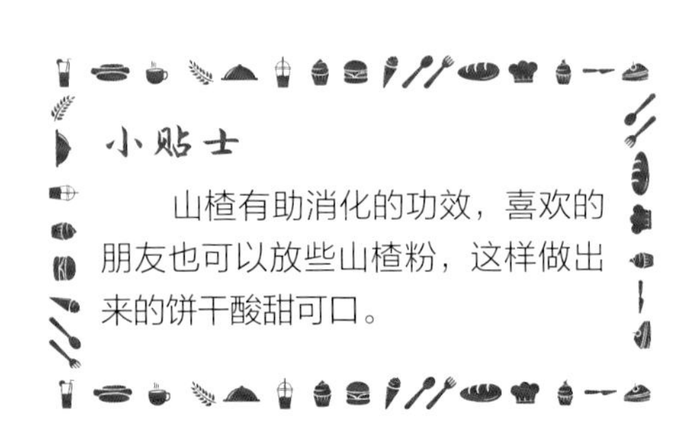

小贴士

山楂有助消化的功效，喜欢的朋友也可以放些山楂粉，这样做出来的饼干酸甜可口。

制作步骤

1. 将黄油放入容器中打发至颜色发白。
2. 蛋液打至黏稠，倒入黄油中混合均匀。
3. 放入过筛的细砂糖、红糖、泡打粉、低筋面粉、全麦粉，搅拌均匀。
4. 将面团放在保鲜膜中，擀压成 3 ~ 5 毫米厚的长方形面饼。
5. 将烘焙纸铺在烤盘上，刷上一层植物油。
6. 将擀好的面片铺在烘焙纸上，然后切成数个均匀的小长方形。
7. 用叉子在面片上扎数个小孔，然后放入预热好的烤箱中，以上下火 160℃烤 15 分钟即可。

蘑菇饼干

蘑菇饼干

蘑菇饼干是一种古老的儿童饼干，也是一种适合与家里孩子一起制作获得亲子乐趣的饼干，制作饼干既可以培养孩子的动手能力，又可以让孩子有成就感。除了用可可粉做蘑菇饼干的染色剂和调味剂之外，我们还可以用甜菜汁或菠菜汁制作出各种颜色的饼干。

原料

低筋面粉 1	120 克	泡打粉 1	1 克
低筋面粉 2	100 克	泡打粉 2	1 克
黄油	100 克	鸡蛋	1 个
糖粉	60 克	可可粉	20 克

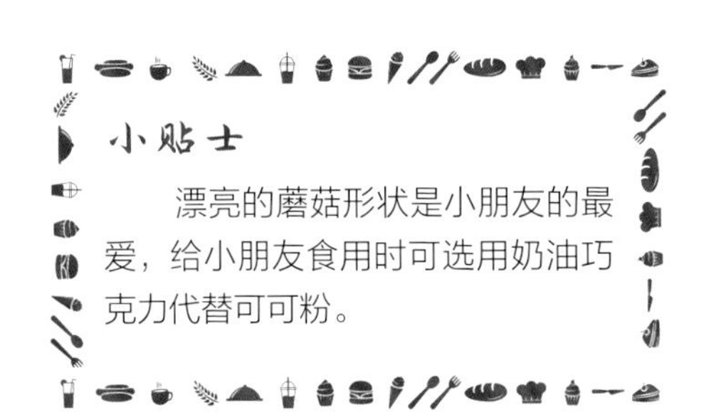

小贴士

漂亮的蘑菇形状是小朋友的最爱，给小朋友食用时可选用奶油巧克力代替可可粉。

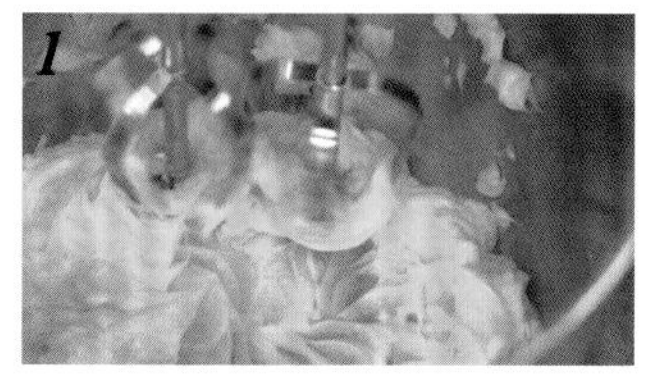

制作步骤

1. 将室温软化的黄油打发至细腻顺滑。
2. 筛入糖粉，再将搅匀的蛋液分三次加入并搅拌均匀。
3. 将打好的黄油糊分成两份，其中一份筛入低筋面粉 1、泡打粉 1，然后搅拌均匀成黄油面团。
4. 另一份筛入低筋面粉 2、可可粉、泡打粉 2，然后搅拌均匀。
5. 可可面团分成均匀的若干个小面团，然后将小面团分别放在铺好烘焙纸的烤盘上，做成蘑菇头的样子。
6. 将黄油面团分成均匀的若干份，做成蘑菇腿的形状，放在蘑菇头的下面。
7. 取黄油面团来做蘑菇上的小点点。
8. 将做好的饼干坯放入预热好的烤箱中，以上下火 180℃烤 15 分钟即可。

蔓越莓饼干

蔓越莓饼干

这款饼干是各个连锁甜品店的爆款。自己在家里做，追求的是原料的高标准和制作的精细程度。蔓越莓干要选择北美原产手工晾晒不加糖的，这样蔓越莓独特的味道才能被保留。黄油要选择从天然牛奶中提炼的。优选的用料再加上精细的做工，就可以烤制出惊艳的作品了。

原料

低筋面粉……… 115 克
蔓越莓………… 35 克
糖粉…………… 50 克
鸡蛋……………… 1 个
黄油…………… 75 克

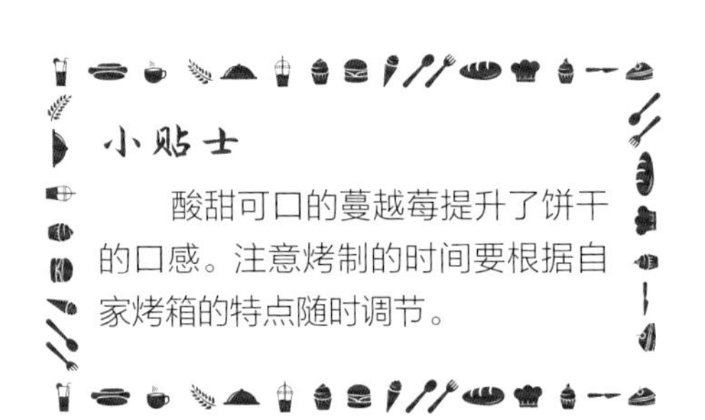

小贴士

酸甜可口的蔓越莓提升了饼干的口感。注意烤制的时间要根据自家烤箱的特点随时调节。

扫一扫
详细步骤视频
即可呈现

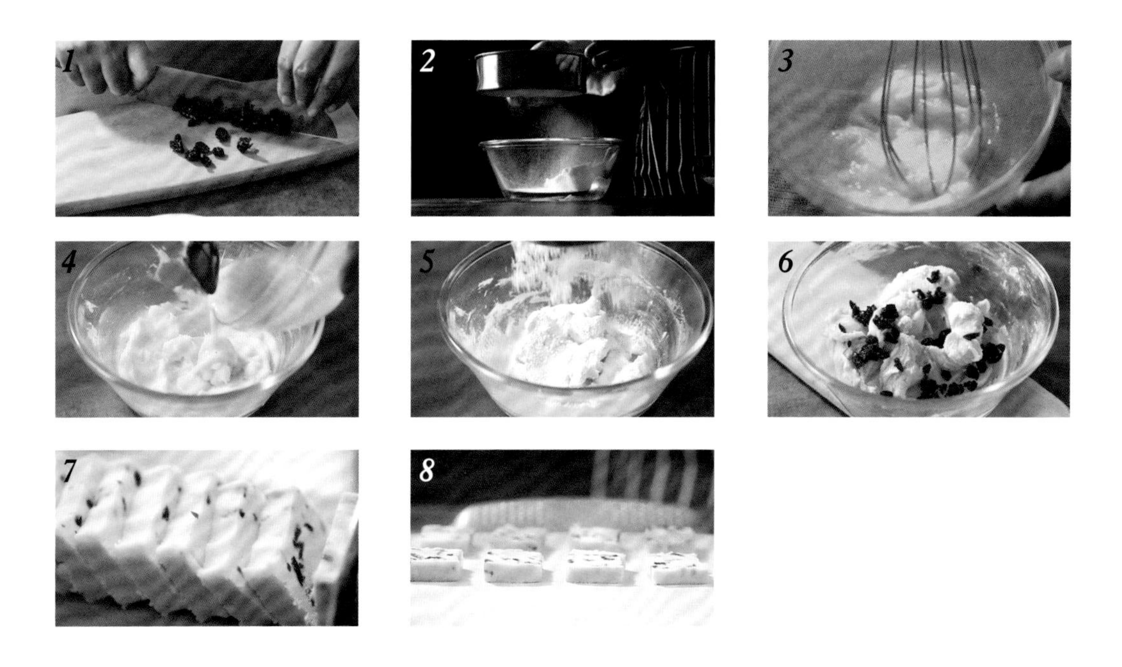

制作步骤

1. 将蔓越莓切碎。
2. 将室温软化的黄油放入碗中，筛入糖粉搅拌均匀。
3. 鸡蛋放入容器中打散。
4. 打好的蛋液倒入黄油糊中，搅拌均匀。
5. 筛入低筋面粉，搅拌均匀。
6. 放入蔓越莓碎，搅拌均匀后，放到铺好的烘焙纸上，整理成长方体，放入冰箱冷藏 2 ~ 3 小时。
7. 把冷藏好的饼干坯切成0.5厘米厚的片，摆在铺好烘焙纸的烤盘上。
8. 放入预热好的烤箱，上下火 170℃，烤 20 分钟即可。

手指饼干

手指饼干

手指饼干是一种起源于阿拉伯的原始饼干，原料容易获取，做法相对简单，是甜品店必备的品种。一般初学烘焙的朋友最早接触的也是这种饼干，因为手指饼干看颜色变化和膨胀程度就能知道火候大小。

原料

鸡蛋……………… 2个　　　细砂糖1……… 30克

低筋面粉……… 50克　　　细砂糖2 ……… 20克

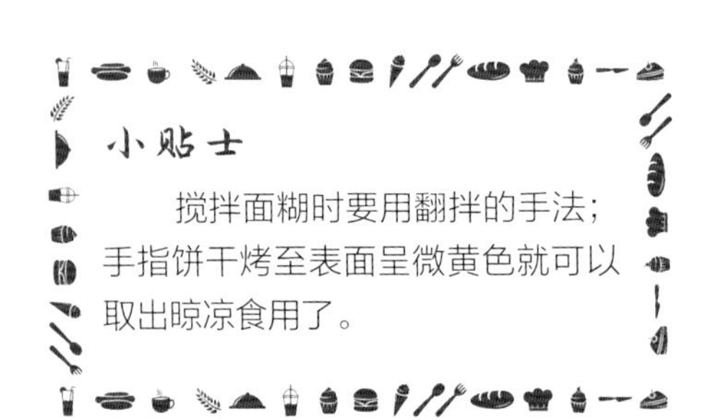

小贴士

搅拌面糊时要用翻拌的手法；手指饼干烤至表面呈微黄色就可以取出晾凉食用了。

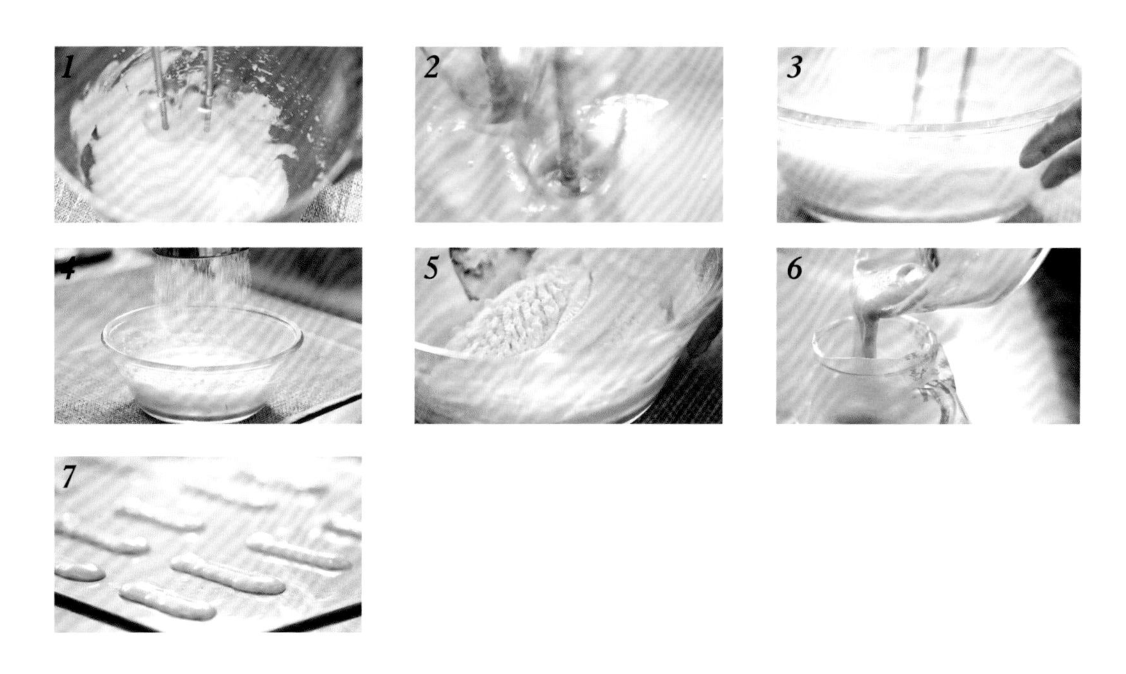

制作步骤

1. 将鸡蛋清放到容器中打发，再打发的过程中分三次加入细砂糖 1。
2. 打发蛋黄，在打发的过程中加入细砂糖 2。
3. 打发的蛋黄和打发的蛋清混合搅拌均匀。
4. 分四次筛入低筋面粉。
5. 将面粉和蛋液搅拌均匀。
6. 搅拌好的面糊倒入裱花袋中。
7. 将面糊挤到抹好黄油的烤盘上，挤成手指的形状，放入预热好的烤箱中，上下火 180℃，烤 18 分钟左右即可。

玛格丽特饼干

玛格丽特饼干

对初学烘焙的小伙伴来说，玛格丽特饼干是建立自信的最好尝试。因为这款饼干的原料单一，制作方法以及烤制火候都很容易掌握。玛格丽特饼干食用时口感美妙，老少皆宜。

原料

低筋面粉……100克　鸡蛋………………2个
黄油…………100克　玉米淀粉………100克
糖粉……………50克

小贴士

黄油、低筋面粉、玉米淀粉一定要按照1：1：1的比例，这样揉出来的面团既不会太干也不会太软；如果不喜欢太甜，可以少放些糖粉。

扫一扫
详细步骤视频
即可呈现

制作步骤

1. 将室温软化的黄油打发至颜色发白。
2. 筛入糖粉，搅拌均匀。
3. 煮熟的鸡蛋取蛋黄，将蛋黄擀压成细末。
4. 蛋黄与打发的黄油混合搅拌均匀。
5. 筛入低筋面粉和玉米淀粉，搅拌均匀。
6. 拌好的面团用保鲜膜包好，放入冰箱冷藏 30 分钟。
7. 将冷藏好的面团取出后搓成拇指大小的小圆球，放到铺好烘焙纸的烤盘上，然后食指中指并紧，用指肚按压小球。
8. 放入预热好的烤箱，上下火 160℃，烤 18 分钟即可。

提子饼干

提子饼干

这款饼干是让初学烘焙的小伙伴们非常容易有成就感的饼干，它配料简单，而且提子干也比较符合大多数人的口味。只要配比合适，并且找出了最佳的烘焙温度和时间，制作时基本都会成功。

原料

低筋面粉 …… 160 克
盐…………………… 2 克
细砂糖………… 55 克
泡打粉…………… 2 克
黄油…………… 70 克
提子干………… 50 克
鸡蛋……………… 1 个

小贴士

不喜欢吃太甜可以少放糖，因为提子中也含有糖分；注意烤制的时间，烤至表面微黄即可。

扫一扫
详细步骤视频
即可呈现

制作步骤

1. 容器中放入室温软化的黄油，稍加搅拌，再分三次加入细砂糖，打发黄油至颜色发白。
2. 将蛋液分三次加入黄油中，并且搅拌均匀。
3. 低筋面粉中加入盐、泡打粉搅拌均匀，过筛到蛋糊中搅拌均匀。
4. 将搅拌好的面团擀压成 0.5 厘米厚的面饼。
5. 将提子干切碎，再均匀地撒在面饼上，然后用擀面杖将其擀平。
6. 将面饼折叠成三层，然后将其擀平。
7. 将面饼整理成长方形后，切成大小均匀的数个小长方形。
8. 切好的饼干坯放到铺好烘焙纸的烤盘上，放入预热好的烤箱中，用上下火 180℃烤 15 分钟即可。

PART 2

蛋糕篇

香蕉马芬

香蕉马芬

马芬蛋糕是英语muffin cake的音译，这种蛋糕最早源自英国的一种松饼。现在在西点房常见的马芬差不多都是纸杯蛋糕的形式了，其实这是马芬蛋糕流传到美国的一种新式做法。因为马芬的膨胀不借助酵母，不管是用面粉、香蕉、木薯粉还是蛋液，都可以使蛋糕膨胀，所以马芬蛋糕也是烘焙新手的首选。

原料

低筋面粉	200克	鸡蛋	2个
香蕉	2个	细砂糖	80克
牛奶	85克	泡打粉	5克
植物油	50克	盐	4克

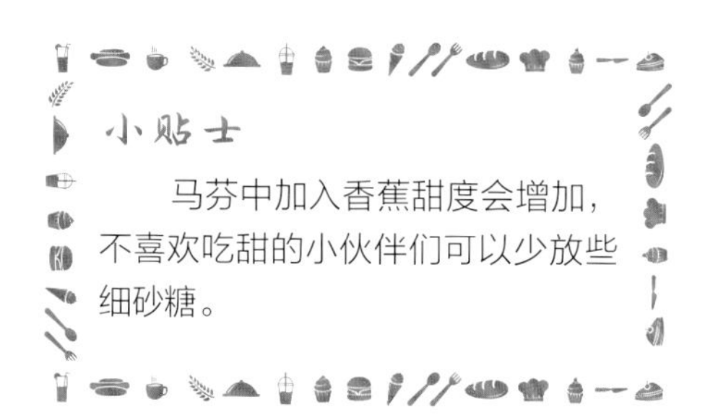

小贴士

马芬中加入香蕉甜度会增加，不喜欢吃甜的小伙伴们可以少放些细砂糖。

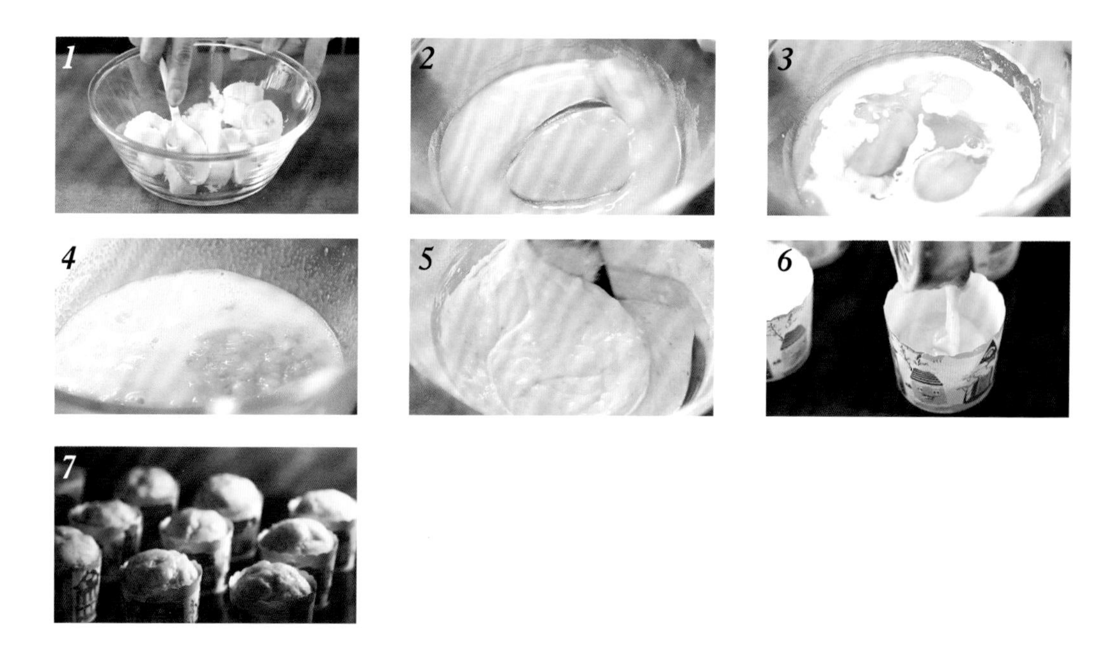

制作步骤

1. 将香蕉切成小块，用勺子碾压成泥。
2. 植物油倒入容器中，放入细砂糖、盐，搅拌至细砂糖、盐全部溶化。
3. 放入鸡蛋、牛奶搅拌均匀。
4. 放入香蕉泥搅拌均匀。
5. 放入过筛的低筋面粉和泡打粉，搅拌均匀。
6. 将纸杯放入烤盘中，然后倒入香蕉面糊至八分满。
7. 放入预热好的烤箱中，用上下火180℃烤25分钟左右即可。

可可玛德琳

可可玛德琳

玛德琳全称是玛德琳娜贝壳蛋糕，是一款经典的法式小蛋糕。据说，玛德琳娜(madeleine)是法国科梅尔西城(commercy)里为贵族服务的本地女仆，因为厨师在做甜品时溜号，作为应急的替补，玛德琳娜做了平民小甜点贝壳蛋糕。没想到主人吃后非常满意，就将小甜点以玛德琳娜的名字命名。

可可玛德琳闻名于世要感谢法国文学名著《追忆似水年华》中对玛德琳娜贝壳蛋糕的细致描写。

原料

低筋面粉……… 35克　　香草精…………… 1克
可可粉………… 15克　　蜂蜜……………… 8克
泡打粉………… 2.5克　　细砂糖………… 40克
巧克力………… 25克　　朗姆酒………… 25克
鸡蛋……………… 1个　　黄油…………… 60克

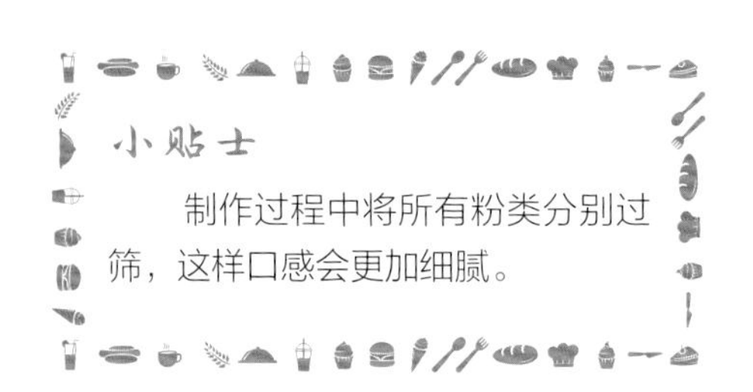

小贴士

制作过程中将所有粉类分别过筛，这样口感会更加细腻。

扫一扫
详细步骤视频
即可呈现

制作步骤

1. 容器中倒入热水，将黄油隔水加热至完全熔化。
2. 将鸡蛋打散。
3. 筛入细砂糖、低筋面粉、泡打粉，加入蜂蜜、香草精搅拌均匀。
4. 筛入可可粉，搅拌均匀后倒入朗姆酒。
5. 将巧克力切碎，放入面糊中，充分搅拌至巧克力完全溶化。
6. 将巧克力糊倒入裱花袋中。
7. 模具上先刷上薄薄的一层黄油，再将巧克力糊挤入模具中，八分满就可以了。
8. 将面糊放入预热好的烤箱中，以 180℃烤 15 分钟即可。

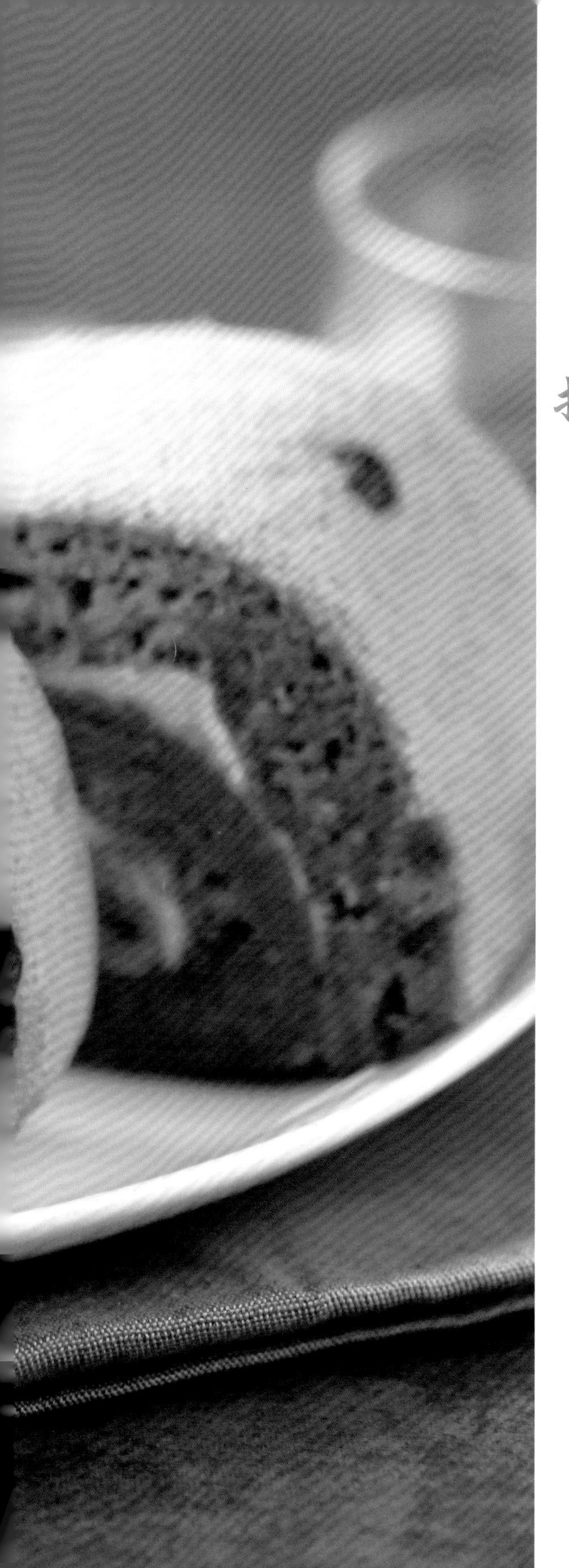

抹茶蜜豆蛋糕卷

抹茶蜜豆蛋糕卷

这是一款既好做又好吃的蛋糕，是招待闺蜜的不错选择，也是很能在朋友面前炫技的一款。制作的关键是蛋糕皮的厚度和火候，蛋糕皮太厚不容易卷起来，火候太大容易烤硬、烤裂。

原料

蛋糕体：

低筋面粉	80克	细砂糖2	20克
植物油	20克	鸡蛋	2个
盐	2克	牛奶	80克
细砂糖1	30克	抹茶粉	20克

馅料：

淡奶油	100克	蜜豆	100克

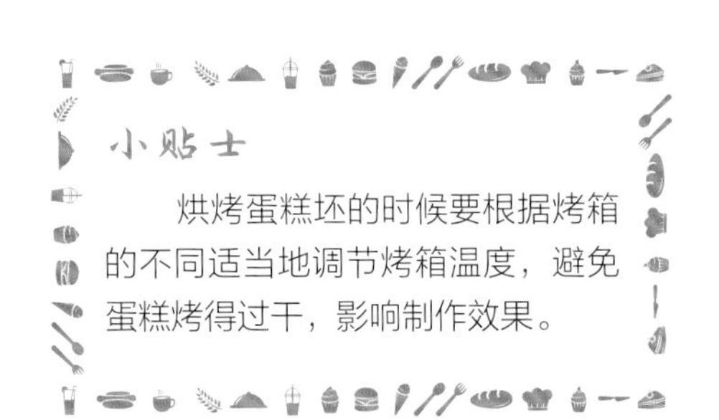

小贴士

烘烤蛋糕坯的时候要根据烤箱的不同适当地调节烤箱温度，避免蛋糕烤得过干，影响制作效果。

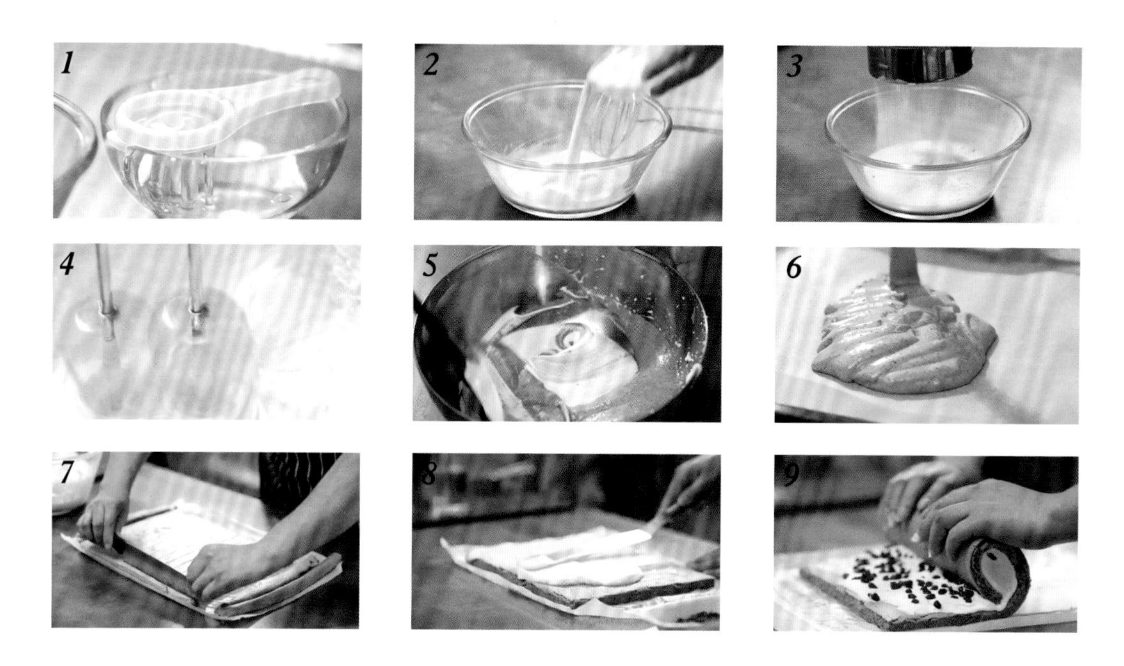

制作步骤

1. 将蛋清和蛋黄分离。
2. 蛋黄中加入细砂糖 1、植物油，打发至完全融合，再倒入牛奶搅拌均匀。
3. 筛入低筋面粉、抹茶粉、盐搅拌均匀。
4. 蛋清中放入细砂糖 2，打发成干性发泡状态（打发时要分三次加入细砂糖）。
5. 打发的蛋清和面糊混合并拌匀。
6. 准备好的烤盘铺上烘焙纸，将混合好的蛋糕糊倒在烤盘中，刮平，放入预热好的烤箱中，用上下火 180℃，烤 10 分钟。
7. 烤好的蛋糕取出，倒扣晾凉，然后切去蛋糕的角边。
8. 将打发的淡奶油均匀地抹在蛋糕上。
9. 撒上蜜豆，然后从蛋糕的一端慢慢卷起，放入冰箱冷藏 2 小时后切开食用。

舒芙蕾

舒芙蕾

舒芙蕾源于法国，是充气并膨胀的意思。在实际制作的时候也是用打发的蛋清储存空气，然后在烘焙的时候使蛋糕慢慢膨胀起来。舒芙蕾是一款比较好上手的蛋糕，作为茶点也非常适合。

原料

低筋面粉……… 35克
鸡蛋……………… 4个
牛奶……………300克
细砂糖………… 50克
黄油…………… 40克
塔塔粉…………… 1克
香草精…………… 3克

小贴士

将备好的基料与蛋清采用翻拌的手法拌匀。舒芙蕾烤好后应尽快食用，这时口感更佳。塔塔粉可用柠檬汁代替。

扫一扫
详细步骤视频
即可呈现

制作步骤

1. 先将蛋黄、蛋清分离，然后在蛋清中加入塔塔粉、细砂糖，打发成干性发泡。
2. 把黄油放入锅中隔水加热熔化，再放入牛奶和过筛的低筋面粉煮成黏稠的面糊。
3. 面糊中加入香草精搅拌均匀。
4. 将蛋黄分 4 次加入面糊中，充分搅拌均匀。
5. 将打发好的蛋清分三次加入面糊中，并搅拌均匀。
6. 在准备好的模具内壁和杯口处刷一层黄油，再粘满细砂糖。
7. 将面糊倒入模具中，倒八分满就可以了。
8. 放入预热好的烤箱中，以上下火 180℃烤 15 分钟即可。

酸奶芝士蛋糕

酸奶芝士蛋糕

芝士蛋糕的英文是cheese cake，这是一种从希腊传遍欧洲的甜点。酸奶芝士蛋糕是在芝士蛋糕的基础上加入酸奶，它在口感和质感上与奶油非常接近，但是热量又比奶油少得多，芝士与酸奶的搭配口感也非常好。

原料

原料	用量	原料	用量
吉利丁粉	6克	朗姆酒	10克
细砂糖	70克	淡奶油	120克
消化饼干	120克	酸奶	200克
牛奶	40克	奶油奶酪	250克
黄油	45克	鸡蛋	2个
柠檬汁	20克	草莓	适量
水	适量		

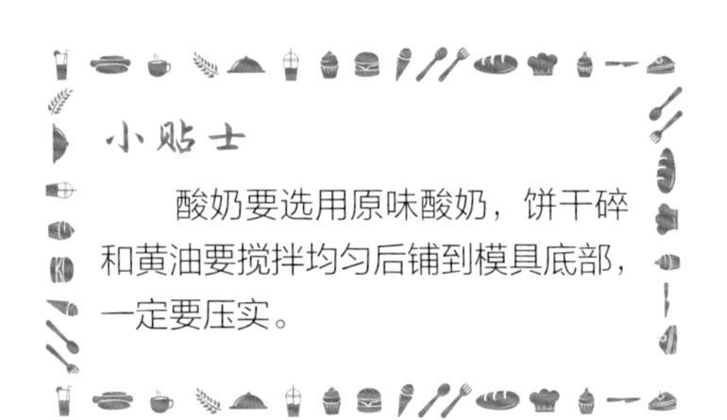

小贴士

酸奶要选用原味酸奶，饼干碎和黄油要搅拌均匀后铺到模具底部，一定要压实。

扫一扫
详细步骤视频
即可呈现

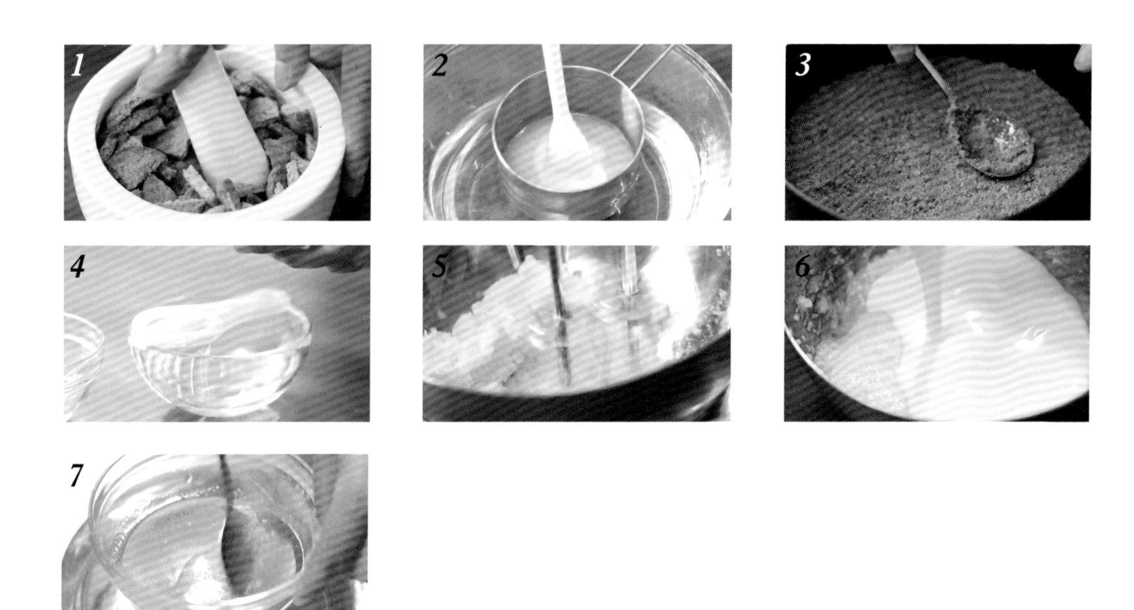

制作步骤

1. 消化饼干压碎。
2. 容器中注入热水，将黄油隔水熔化。
3. 消化饼干碎中放入黄油搅拌均匀，倒入模具中压平、压实。
4. 将蛋黄、蛋清分离，蛋黄搅拌均匀。
5. 容器中注入热水，将奶油奶酪加入细砂糖隔水加热打发。
6. 放入柠檬汁、蛋黄液、朗姆酒、酸奶搅拌均匀。
7. 将吉利丁粉用水溶解后，再放入热水中隔水加热使其完全熔化。

制作步骤

8. 牛奶与淡奶油混合后，加入吉利丁粉液体搅拌均匀。
9. 将牛奶混合物分三次加入到打发好的奶油奶酪中，搅拌均匀。
10. 搅拌好的奶糊倒入铺好饼干碎的模具中，轻轻震出气泡，放入冰箱冷藏 4 小时。
11. 将洗净的草莓切成两半。
12. 取出蛋糕，用吹风机进行脱模。
13. 切好的草莓点缀在蛋糕上，既漂亮又美味的酸奶芝士蛋糕就做好了。

我的烘焙手账

巧克力慕斯蛋糕

巧克力慕斯蛋糕

巧克力的苦涩加上慕斯的丝滑，那醇香浓厚的味道令人垂涎欲滴。制作巧克力慕斯时选自己喜欢的巧克力，这样做出来的巧克力慕斯的味道也比较适合自己。

原料

蛋糕体：

低筋面粉……… 110克　　鸡蛋1 …………… 4个
细砂糖1 ……… 40克　　鸡蛋2…………… 3个
抹茶粉………… 10克　　淡奶油………… 180克
细砂糖2……… 45克　　黄油…………… 40克

巧克力慕斯馅料：

牛奶………… 280克　　吉利丁粉………… 8克
巧克力……… 130克　　水1 …………… 适量

朗姆酒糖浆：

水2…………… 65克　　细砂糖3……… 40克
朗姆酒…………… 5克

小贴士

将热的巧克力混合物倒入打好的蛋黄中时，一定要边倒入边快速地搅拌，以免把蛋黄烫熟产生颗粒，影响蛋糕的细腻程度和口感。

扫一扫
详细步骤视频
即可呈现

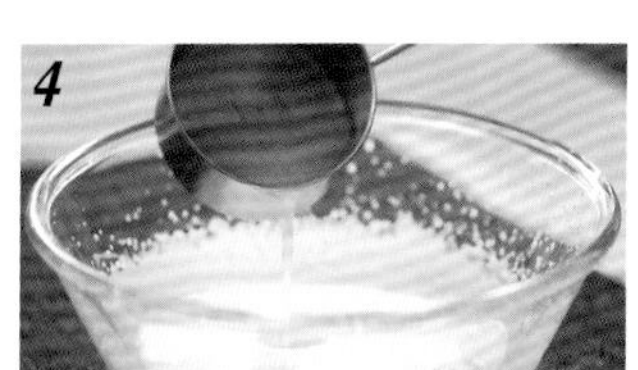

制作步骤

1. 将鸡蛋 1 的蛋黄、蛋清分离。
2. 蛋清中分三次加入细砂糖 1，打发成干性发泡。
3. 蛋黄中分三次加入细砂糖 2，打至颜色发白。
4. 容器中注入热水，将黄油隔水熔化，再分三次倒入鸡蛋 2 中，并且搅拌均匀。
5. 把蛋黄液和打发的蛋白混合在一起，并且翻拌均匀。
6. 将低筋面粉筛入蛋糊中，搅拌均匀后倒入铺好烘焙纸的烤盘中，轻轻震出空气，放到预热好的烤箱中，以上下火 175℃烤 18 分钟。
7. 锅置小火上，倒入牛奶，放入巧克力搅拌至完全溶化后，倒入容器中。
8. 吉利丁粉放入水 1 中搅拌均匀后，倒入巧克力糊搅拌均匀，盖上保鲜膜，放入冰箱冷藏 30 分钟，制成巧克力慕斯馅料。
9. 将淡奶油打发。

制作步骤

10. 将烤好的蛋糕表面的皮去掉。
11. 将蛋糕分成两层。
12. 水 2 中加入朗姆酒和细砂糖 3，搅拌均匀制成朗姆酒糖浆。
13. 在第一层蛋糕上面先刷一层朗姆酒糖浆，再抹一层巧克力慕斯馅料，接着在第二层蛋糕上刷一层糖浆，再涂一层淡奶油。
14. 将蛋糕切成正方形。
15. 找来一片叶子（图案可根据个人喜好更换）铺在蛋糕上，然后撒上抹茶粉，再将叶子拿开，漂亮的巧克力慕斯蛋糕就做好了。

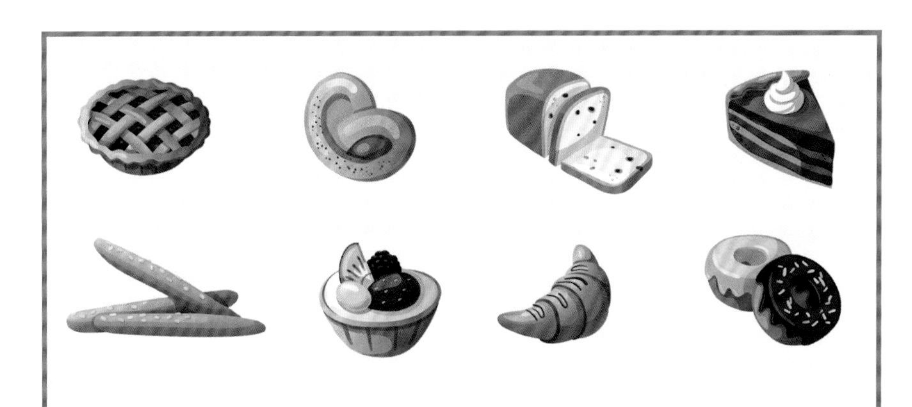

我的烘焙手账

戚风蛋糕

戚风蛋糕

戚风蛋糕是英文chiffon cake的音译，这款蛋糕是现在很多甜品店的标准饼坯，它便于保存，且不容易在空气中变硬。戚风蛋糕一般使用植物油或合成黄油，并且将蛋清打发到很膨胀的程度，以便储存足够的气泡使蛋糕更加膨松。

原料

低筋面粉	105 克	植物油	6 克
鸡蛋	4 个	塔塔粉 1	1 克
牛奶	60 克	塔塔粉 2	4 克
细砂糖 1	20 克	泡打粉	2 克
细砂糖 2	20 克	吉利丁粉	12 克

小贴士

制作戚风蛋糕一定要保证蛋糕熟透。烤制的过程中可将烤箱门开一个小缝，将牙签插入蛋糕中，然后取出，如果牙签上面没有粘到面糊，证明蛋糕已经熟透了。蛋糕烤好后要迅速取出，倒扣晾凉，防止表面塌陷。

扫一扫
详细步骤视频
即可呈现

制作步骤

1. 在加热后的牛奶中加入细砂糖 1、植物油，充分搅拌至油和牛奶完全融合。
2. 将蛋清和蛋黄分离。
3. 蛋清中加入塔塔粉 1、细砂糖 2 打发（细砂糖分三次加入）。
4. 将泡打粉、吉利丁粉、塔塔粉 2、低筋面粉筛入牛奶中，加入蛋黄搅拌均匀。
5. 打发好的蛋白分三次加入蛋黄糊中，搅拌均匀。
6. 拌好的面糊倒入容器中，轻轻震出气泡。
7. 放入预热好的烤箱，上下火 130℃烤 70 分钟。
8. 烤好的蛋糕采用倒扣的方法晾凉后，取出即可。

红丝绒蛋糕

红丝绒蛋糕

红丝绒蛋糕的历史不算久远，这还要感谢中国的一种古老食材——红曲粉。红丝绒蛋糕最早是高档餐厅才有的甜品，红曲粉加在原料中给蛋糕带来细滑的质感和神秘的色泽。二十世纪五六十年代，这款蛋糕在美国主妇中流行起来，女主人一般在重要的日子和各种派对中为大家制作这款蛋糕。

原料

蛋糕体：

低筋面粉……120克
淀粉……5克
樱桃……200克
鸡蛋……5个
酸奶……160克
细砂糖1……100克
细砂糖2……150克
红曲粉……25克
黄油……80克
泡打粉……8克

馅料：

吉利丁粉……10克
柠檬汁……2克
糖粉……50克
奶油奶酪……200克
水……60克

小贴士

尽量选用红曲粉，减少色素的使用；烘焙蛋糕时根据烤箱的不同设置烤制时间，避免蛋糕的水分过多流失，影响口感。

扫一扫
详细步骤视频
即可呈现

制作步骤

1. 黄油放入容器中，加入细砂糖 1 打发至黄油的颜色发白。
2. 加入蛋黄继续打发均匀。
3. 筛入红曲粉并搅拌均匀，然后加入酸奶继续搅拌均匀。
4. 筛入泡打粉和低筋面粉，用硅胶铲翻拌均匀呈糊状。
5. 将蛋清放入容器中，放入细砂糖 2、淀粉，打发成干性发泡。
6. 将打发的蛋白与面糊混合，翻拌均匀。
7. 在模具的内壁抹上一层黄油，然后倒入面糊，轻轻震出面糊中的空气，放入预热好的烤箱中，以上下火 170℃烤 50 分钟。
8. 容器中放入吉利丁粉，然后倒入水将其溶解，再放到盛有热水的容器中进行隔水加热，使吉利丁粉完全溶化。
9. 奶油奶酪放入容器中，倒入吉利丁溶液搅拌均匀，再加入柠檬汁、糖粉搅拌均匀，制成馅料。
10. 烤好的蛋糕取出后倒扣晾凉，然后将蛋糕分成上下两部分。
11. 将其中一层蛋糕的表面抹上一层馅料，再盖上另一层蛋糕，接着在表面抹上一层馅料，放入冰箱冷藏 1 小时，最后放上樱桃做点缀即可。

原味磅蛋糕

原味磅蛋糕

磅蛋糕的名称来源于英语pound cake的中文解释。这是一种传统的蛋糕，原料的比例非常容易掌握。最普通的磅蛋糕原料就是面粉、黄油、鸡蛋和糖，四种原料的比例是1:1:1:1。任何这种比例的蛋糕都可以是磅蛋糕。现在约定俗成的做法是把搅拌好的原料倒在一种椭圆形的蛋糕模具中烤制，这种模具就叫作“磅蛋糕烤盘”。

原料

低筋面粉…… 100克
细砂糖……… 100克
柠檬汁………… 10克
淡奶油………… 35克
黄油………… 100克
泡打粉…………… 3克
鸡蛋……………… 2个

小贴士

蛋液和黄油要搅拌均匀；烤制的过程中可将烤箱门开一个小缝，用牙签插入蛋糕，然后取出，如果牙签上面没有粘到面糊，证明蛋糕已经熟透了。

扫一扫
详细步骤视频
即可呈现

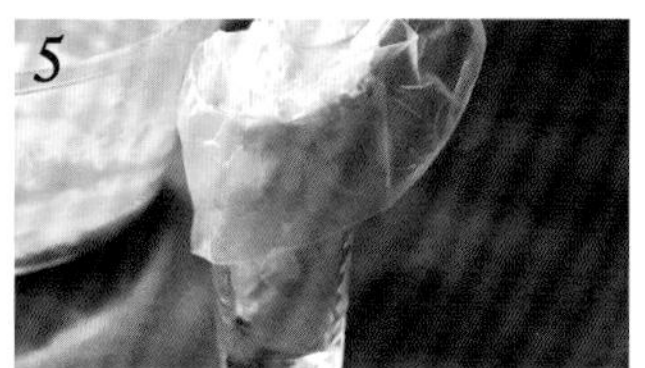

制作步骤

1. 鸡蛋磕入碗中，搅拌均匀后取 100 克备用。
2. 黄油加入细砂糖打发，细砂糖要分三次加入。
3. 加入柠檬汁、蛋液搅拌均匀。
4. 放入过筛的泡打粉、低筋面粉，倒入淡奶油搅拌均匀。
5. 面糊装入裱花袋。
6. 蛋糕模具中先抹上薄薄的一层黄油，再将面糊挤入模具中。
7. 放入预热好的烤箱中，以上下火 160℃先烤 20 分钟，取出蛋糕，在蛋糕的表面轻轻划一刀，然后放入烤箱继续烤 30 分钟即可。

黑森林蛋糕

黑森林蛋糕

黑森林蛋糕是从德文“schwarzwaeld”翻译过来的，即为黑森林。这种蛋糕是德国甜点的经典代表，源自德国南部的黑森林地区。好多小伙伴们认为加黑巧克力的蛋糕就是正宗的黑森林蛋糕，其实并不是如此，黑森林蛋糕中的精华是在黑色巧克力屑下面的有浓郁樱桃酒香味的白色奶油，因为黑森林地区盛产优质的樱桃。

原料

蛋糕体：

原料	用量
低筋面粉	50克
鸡蛋	4个
可可粉	15克
黄油	10克
细砂糖1	70克

馅料：

原料	用量
淡奶油	230克
细砂糖2	20克
樱桃酒	3克
巧克力	250克
樱桃	适量

小贴士

1. 冷藏12小时以上的淡奶油更容易打发，并且口感更加细腻、醇香。

2. 樱桃可提前放入樱桃酒中腌渍，味道更佳。

扫一扫
详细步骤视频
即可呈现

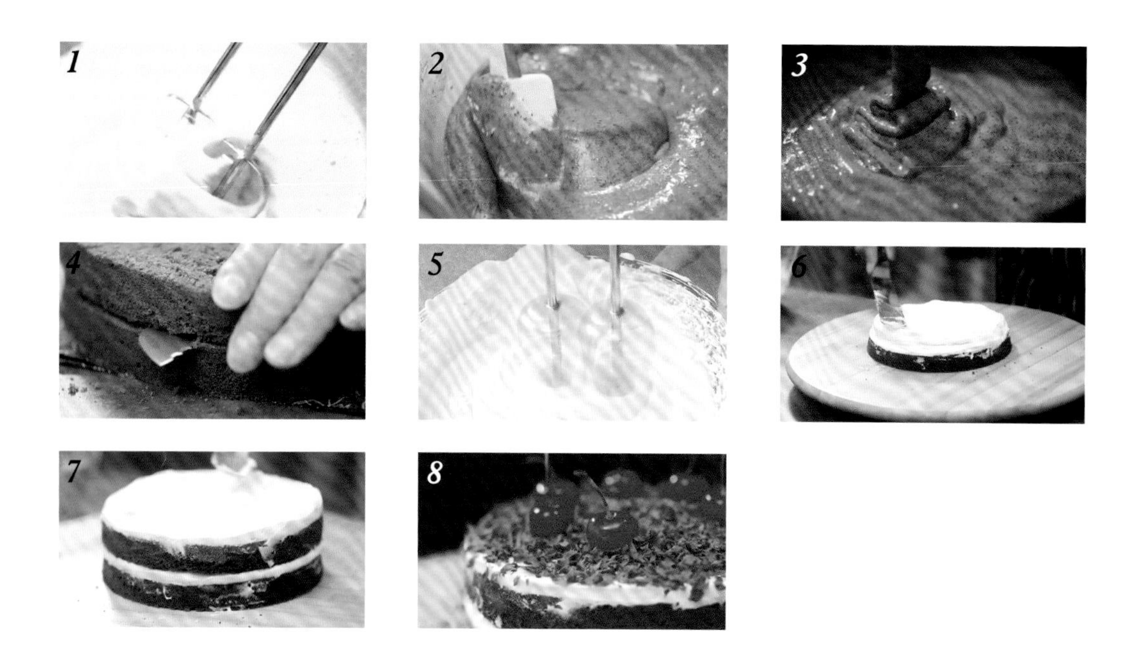

制作步骤

1. 鸡蛋磕入碗中，分三次加入细砂糖 1，将蛋液打发。
2. 放入过筛的低筋面粉、可可粉，加上黄油翻拌均匀。
3. 模具中抹上一层黄油，倒入面糊，轻轻震出气泡，放入预热好的烤箱中，以上下火 180℃烤 30 分钟。
4. 烤好的蛋糕倒扣晾凉后，先去掉蛋糕的外皮，再分成两层。
5. 容器中放入淡奶油，加入细砂糖 2 打发。
6. 将蛋糕的表面刷一层樱桃酒，再抹上打发的淡奶油。
7. 盖上另一层蛋糕，还是先刷一层樱桃酒，再涂上奶油。
8. 将巧克力用勺子刨成屑状，撒在蛋糕上，放上樱桃即可。

杏仁可可蛋糕

杏仁可可蛋糕

可可粉的浓郁味道加上杏仁的甜脆，一种满足感萦绕着你的整个味蕾。这种类型的小蛋糕，简单易做，可以在闲暇时间和朋友或者家人一起动手制作，在增进感情的同时，也为生活增添了一丝乐趣。这款美味的蛋糕也是早餐和下午茶的不错选择呢！

原料

原料	用量	原料	用量
细砂糖	25克	低筋面粉	70克
杏仁	40克	鸡蛋	1个
可可粉	20克	泡打粉	1克
巧克力	50克	黄油	70克

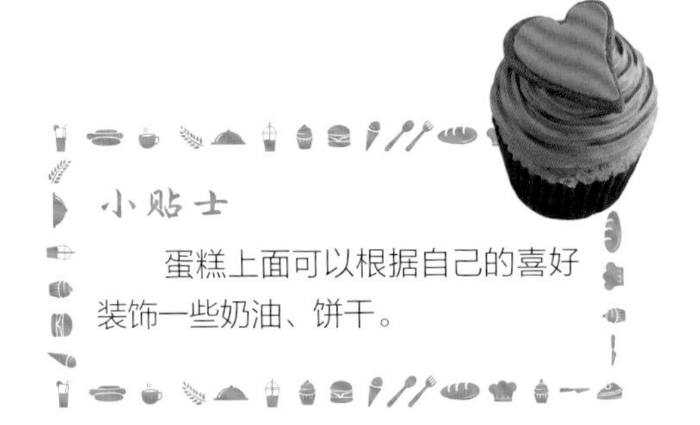

小贴士

蛋糕上面可以根据自己的喜好装饰一些奶油、饼干。

扫一扫
详细步骤视频
即可呈现

制作步骤

1. 将鸡蛋磕入碗中，搅抖均匀。
2. 将黄油放入容器中，用打蛋器打至均匀。
3. 将蛋液分三次倒入黄油中，然后充分打匀至顺滑。
4. 加入细砂糖，继续将黄油打发呈偏白色。
5. 将低筋面粉、泡打粉筛到黄油中，再筛入可可粉，然后搅拌均匀。
6. 将搅拌好的蛋糕糊倒入裱花袋中。
7. 将烘焙油纸托放入模具中。
8. 将蛋糕糊挤入油纸托中至八分满即可，再放入 1~2 块巧克力和杏仁。
9. 放入预热好的烤箱中，上下火 175℃，烤 18 分钟，可口的杏仁可可蛋糕就做好了。

PART 3

面包篇

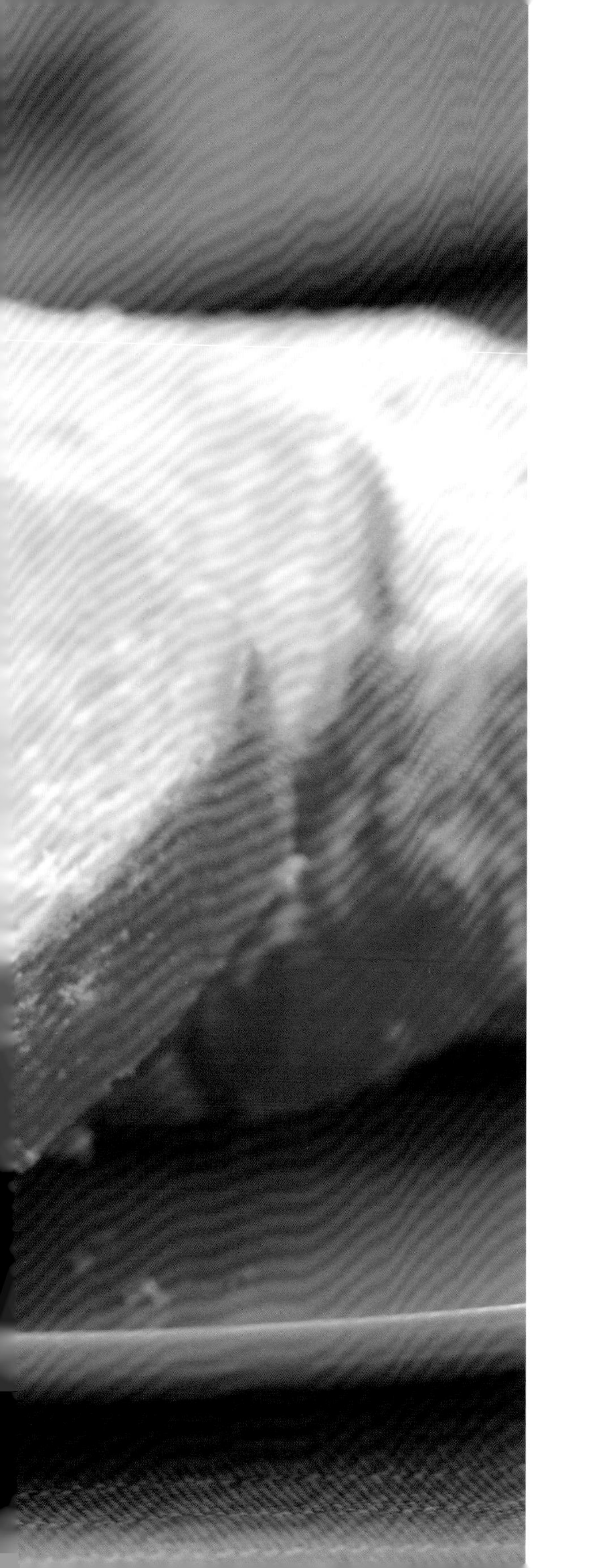

原味吐司

原味吐司

吐司，是英文toast的音译，在粤语中叫“多士”，起源于法国。吐司一般分两种做法：烤制模具如果盖盖子，烤出的面包经切片后呈正方形；烤制模具如果不盖盖子，烤出的面包为长方圆顶形，类似长方形大面包。吐司面包的普及和烤面包片烤炉的发明是有关系的，大约17世纪时法国就有专门烤吐司片的小型烤炉出现了。

原料

高筋面粉	420克	鸡蛋	1个
酵母粉	5克	细砂糖	40克
盐	2克	黄油	30克
奶粉	10克	牛奶	240克

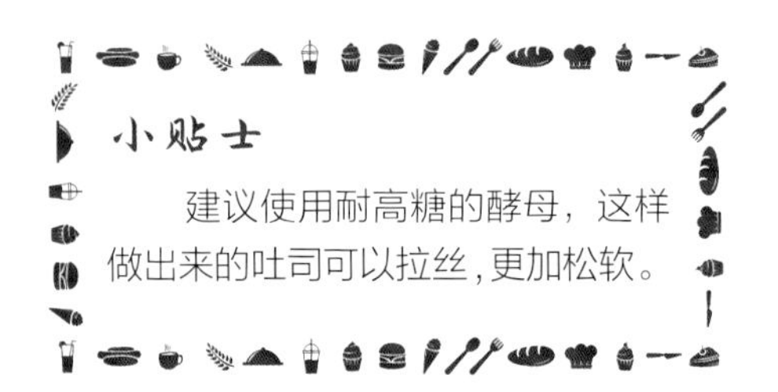

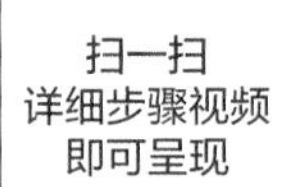

制作步骤

1. 牛奶中放入酵母粉，加入少许细砂糖轻轻搅拌，静置 30 分钟。
2. 鸡蛋磕入碗中，将蛋液打散后倒入发酵好的牛奶中，搅拌均匀。
3. 高筋面粉过筛后倒入容器中，放入奶粉、盐、剩余细砂糖。
4. 倒入牛奶溶液搅拌至没有干面粉时，加入黄油，揉成光滑不粘手的面团。
5. 将面团放入容器中，盖上保鲜膜，室温发酵 1.5 ~ 2 小时，发酵至 2~2.5 倍大。
6. 发好的面团，用手指戳一下，周围没出现塌陷证明面发得刚刚好。
7. 按压排空面团中的气体，分成三等份，揉至光滑。
8. 在模具中抹上黄油，放入面团，二次发酵 1 小时。
9. 将二次发酵好的面团刷上蛋液，放入烤箱，上下火 180℃，烤 30 分钟，即可切片食用。

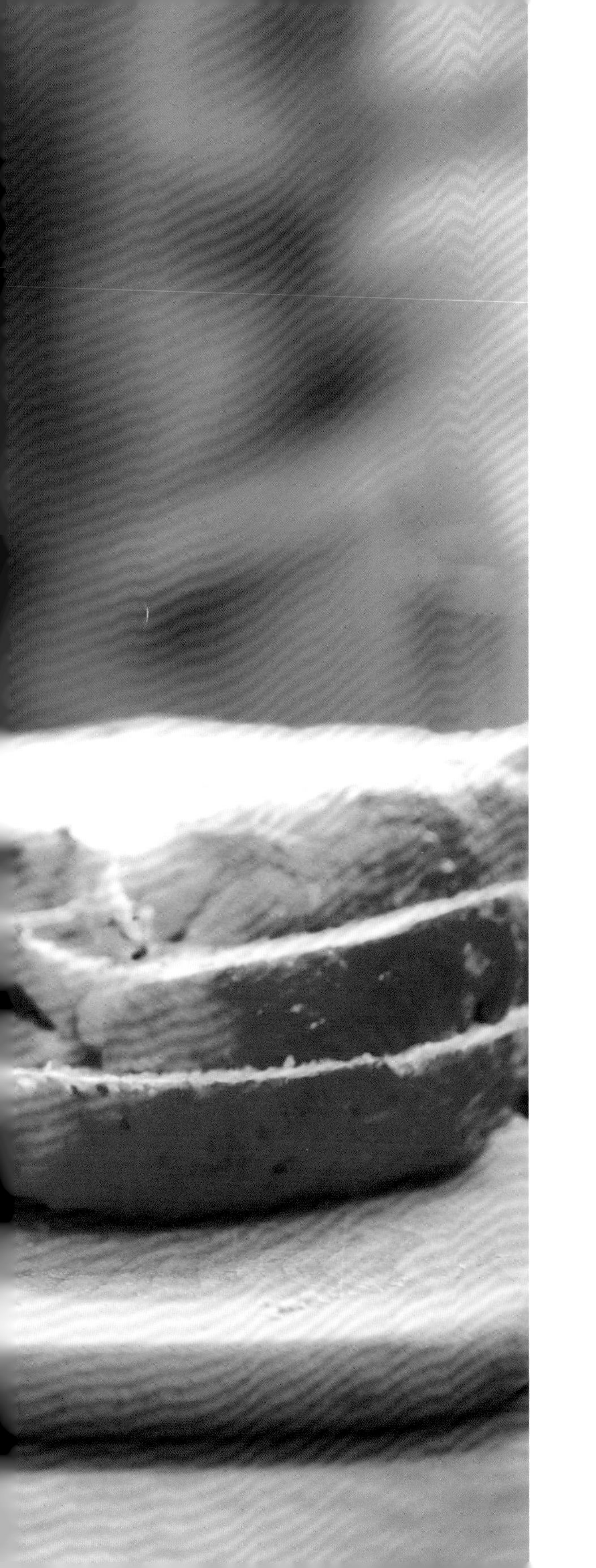

蔓越莓吐司

蔓越莓吐司

添加了蔓越莓的吐司一般都是从烤箱中烤制出来，不经吐司二次烤脆直接切片食用，味道酸甜的蔓越莓会使吐司口感更佳，也更容易消化。说起蔓越莓，它真是一种神奇的果实。据说北美的印第安人很早就开始食用蔓越莓，他们将蔓越莓和野牛肉煮在一起，这样牛肉更容易煮烂，也更美味。印第安人还发现蔓越莓有提高免疫力和治疗疾病的功效。印第安人如果中了敌人的毒箭，会把蔓越莓嚼烂敷在伤口上吸收箭毒。后来哥伦布发现美洲大陆，把蔓越莓带到了欧洲。现在蔓越莓成为欧美主妇们必不可少的食材。在感恩节的火鸡制作中，蔓越莓也是标配。

原料

高筋面粉	420克	牛奶	240克
蔓越莓	70克	酵母粉	5克
鸡蛋	1个	盐	2克
奶粉	10克	黄油	30克
细砂糖1	20克	细砂糖2	20克

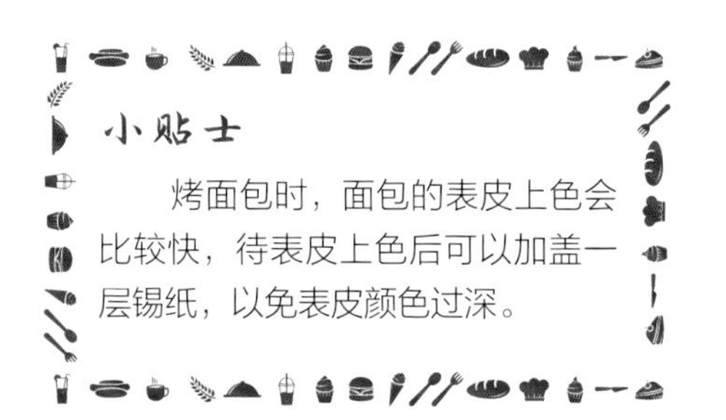

小贴士

烤面包时，面包的表皮上色会比较快，待表皮上色后可以加盖一层锡纸，以免表皮颜色过深。

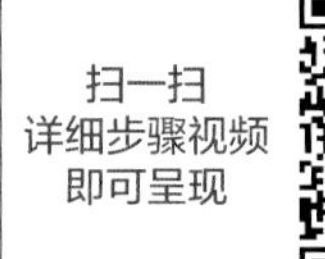

制作步骤

1. 温牛奶中放入酵母粉，再加入细砂糖 1，轻轻搅拌，静置 30 分钟；将鸡蛋加入发酵好的牛奶中，搅拌均匀。
2. 将过筛的高筋面粉、细砂糖 2、奶粉、盐、蔓越莓放入搅拌机中，搅拌均匀。
3. 放入黄油，边搅拌边倒入制好的牛奶酵母水，搅拌成光滑的面团，再放入容器中，室温 28℃发酵 1.5 ~ 2 小时。
4. 发酵好的面团是原来的 2 ~ 2.5 倍大，用手指在面团的中间戳一个孔，如果周围不出现塌陷，证明面团发酵得刚刚好。
5. 取出面团放在案板上，按压排气后分成三等份。
6. 吐司模具中抹上一层黄油，放入面团，二次发酵 1 小时。
7. 在发酵好的面包坯上刷一层蛋液。
8. 放入烤箱，上下火 180℃，烤 30 分钟，切片食用即可。

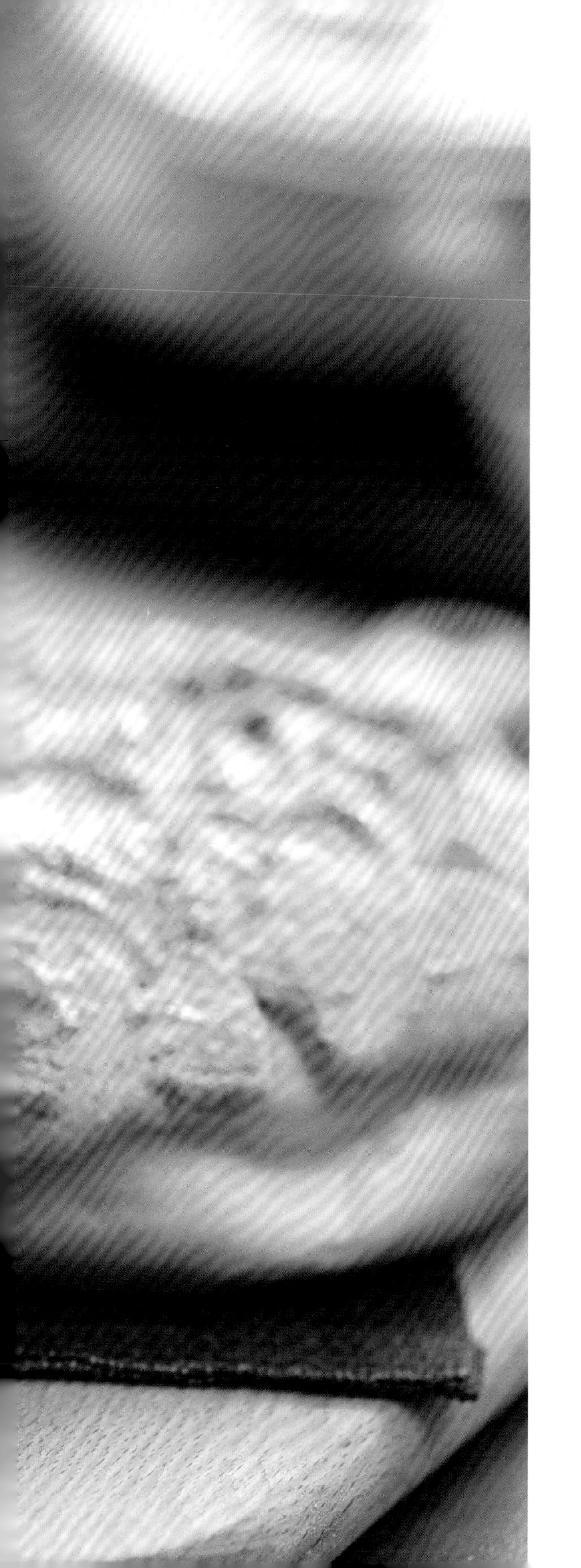

菠萝包

菠萝包

菠萝包是我国香港的一种最常见的甜味面包，菠萝包得其名是因为面包上面顶着的金黄色酥面纹理像菠萝的菱形网状外皮，其实里面没有菠萝的成分。在香港差不多每一间西饼店都会售卖菠萝包，不少茶餐厅也都提供。现在，香港还有一个升级版菠萝包——菠萝油，其实就是将一片冻黄油夹到刚出炉的菠萝包肚子里让黄油慢慢地熔化到菠萝包中。比起菠萝包，菠萝油看起来和吃起来都会更香，但不是所有人都能受得了那么高的胆固醇含量。

原料

汤种：

高筋面粉 1…… 20 克　　水……………… 适量

面团：

高筋面粉 2 … 240 克　　鸡蛋……………… 1 个

盐 1……………… 4 克　　黄油 1………… 20 克

细砂糖 1……… 40 克　　酵母粉…………… 6 克

奶粉 1………… 20 克　　温水…………… 适量

泡打粉 1………… 3 克

菠萝酥皮：

低筋面粉 ………85 克　　奶粉 2………… 10 克

猪油………… 15 克　　黄油 2………… 20 克

盐 2……………… 3 克　　泡打粉 2………… 2 克

蛋黄……………… 1 个　　细砂糖 2……… 30 克

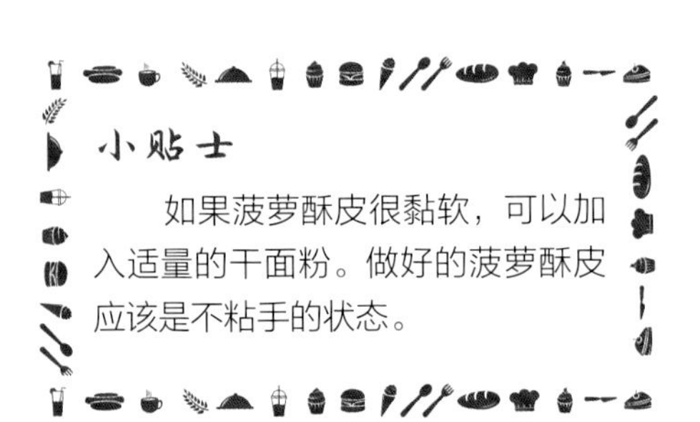

小贴士

如果菠萝酥皮很黏软，可以加入适量的干面粉。做好的菠萝酥皮应该是不粘手的状态。

扫一扫
详细步骤视频
即可呈现

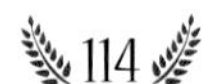

制作步骤

1. 玻璃碗中倒入温水，放入酵母粉，轻轻搅拌几下制成酵母水。
2. 将鸡蛋搅拌均匀。
3. 将制作汤种的水全倒入锅中，再放入过筛的高筋面粉 1，用小火加热，搅拌成糊状。
4. 将面糊放入碗中，盖上保鲜膜，放入冰箱冷藏 20 分钟。
5. 将过筛的高筋面粉 2 倒入容器中，放入盐 1、细砂糖 1、奶粉 1、泡打粉 1。
6. 倒入打好的蛋液、汤种、酵母水、黄油 1，搅拌后揉成光滑不粘手的面团，盖上保鲜膜发酵 1 ~ 2 小时。
7. 发酵到 1.5 ~ 2 倍大。
8. 用食指蘸些干面粉在面团的中间戳一个孔，如果周围没有塌陷，证明这时候的面发酵得刚刚好。
9. 将面团分成 4 等份，揉至光滑。

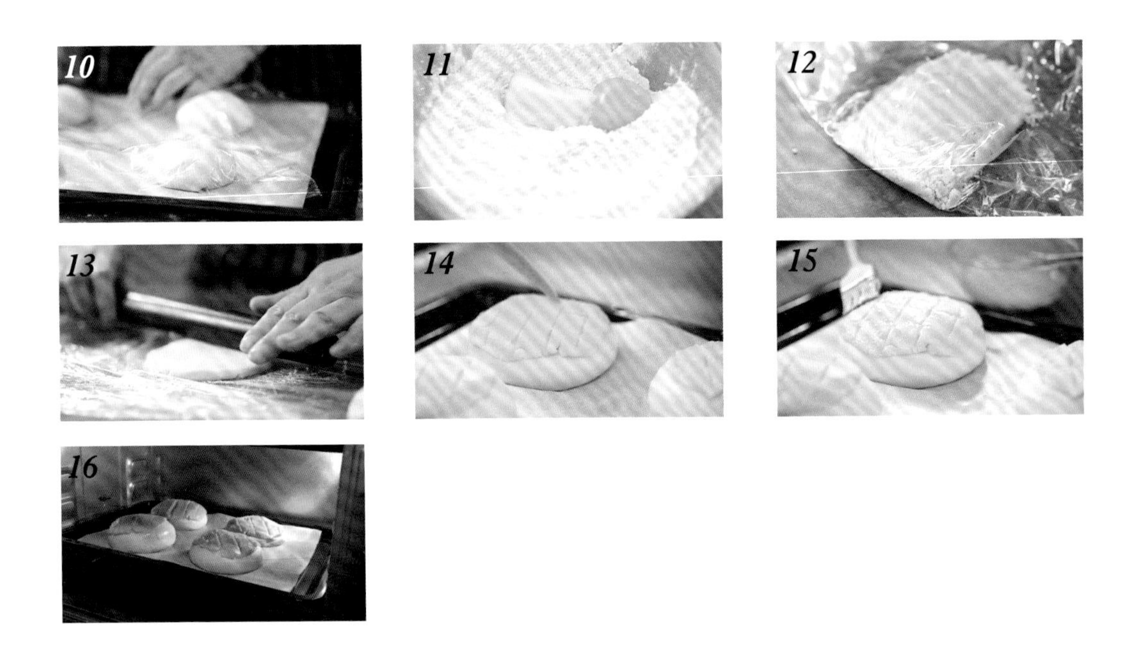

制作步骤

10. 将面团做成面包坯放在烤盘上，盖上保鲜膜二次发酵 40 分钟左右。
11. 将过筛的低筋面粉放入容器中，加入细砂糖 2、猪油、奶粉 2、泡打粉 2、盐 2、蛋黄、黄油 2，搅拌均匀。
12. 揉好的菠萝酥皮包入保鲜膜中，放入冰箱冷藏 30 分钟。
13. 把冷藏好的菠萝酥皮切成均匀的小块，擀成与面包坯同等大小的面片。
14. 将菠萝酥皮盖在面包坯上，然后在上面轻轻地划出菱形块。
15. 在酥皮表面刷上一层蛋液。
16. 放入预热好的烤箱，上下火均为 180℃，烤 15 分钟即可。

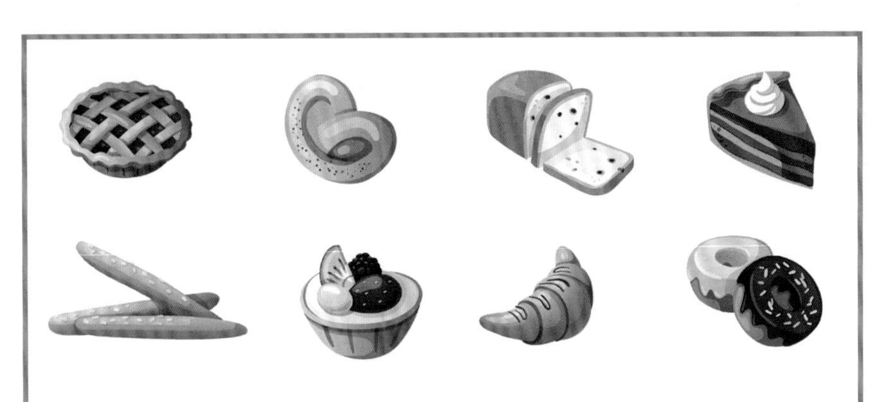

我的烘焙手账

培根三明治

培根三明治

三明治是英语sandwich的中文音译。sandwich本来是个英国小镇，相传是有几位牌友为了不占用玩牌的时间而发明出来这种快餐，没想到快速普及开来，先是流传到了美国，继而又流传到全世界。

原料

培根………………4片　　黄油………………5克
全麦面包片………3片　　西红柿……………1个
沙拉酱…………15克　　生菜叶……………2片

小贴士

煎吐司时放些橄榄油可以减少热量的摄入，既美味又健康。

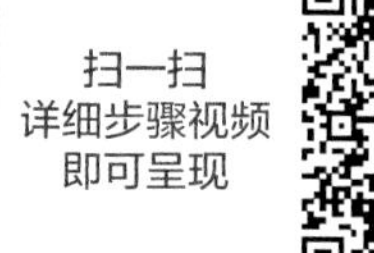

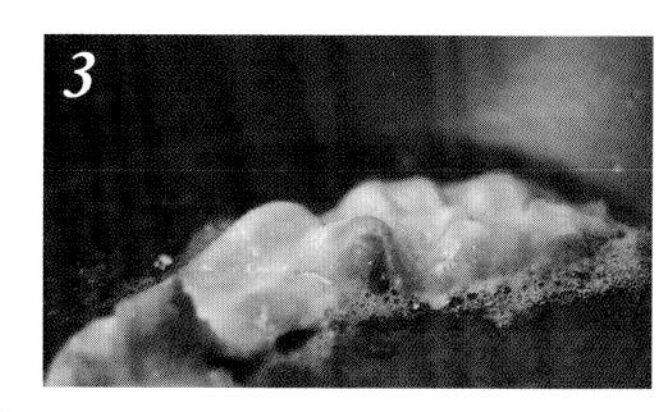

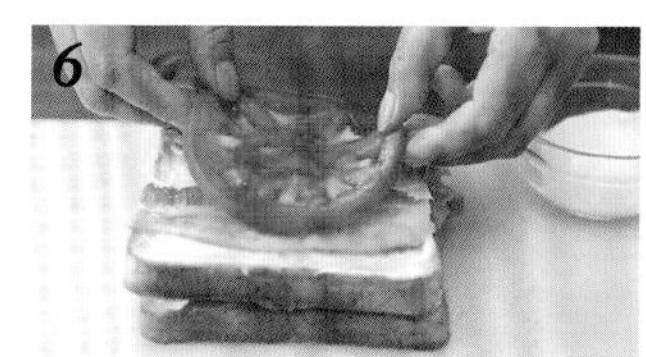

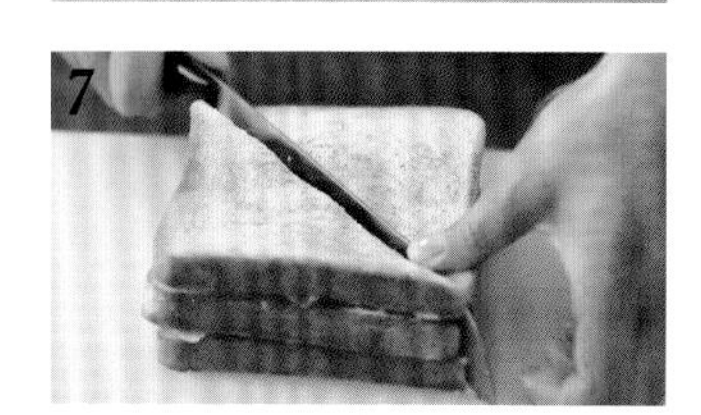

制作步骤

1. 平底锅放入黄油，用小火将黄油熔化。
2. 放入全麦面包片煎至两面金黄。
3. 用小火将培根煎熟。
4. 西红柿洗净，切成片。
5. 全麦面包片抹上沙拉酱。
6. 依次放上培根、西红柿片和洗净的生菜叶，然后放上第二片全麦面包片，抹上沙拉酱，再放上培根、西红柿片、生菜叶，放上第三片全麦面包片。
7. 用刀沿对角切开，三明治就做好了。

芝士火腿面包

芝士火腿面包

这是一种可以和比萨媲美的美食。在地中海沿岸，火腿芝士面包是一种很普遍的面包，这种面包更适合喜欢咸口面食的中国北方人。芝士的口感和火腿的香味非常适合作为早餐食用。如果赶不上吃早餐，可以将火腿芝士面包在微波炉中热一下，然后打个便当盒，到公司后配咖啡或豆浆食用。

原料

高筋面粉……250 克
黄油…………30 克
盐……………2 克
细砂糖………10 克
水……………适量
酵母粉………3 克
鸡蛋…………1 个
芝士片………4 片
火腿…………250 克

小贴士

火腿片尽量切得薄一点儿，这样造型时会容易些。

扫一扫
详细步骤视频
即可呈现

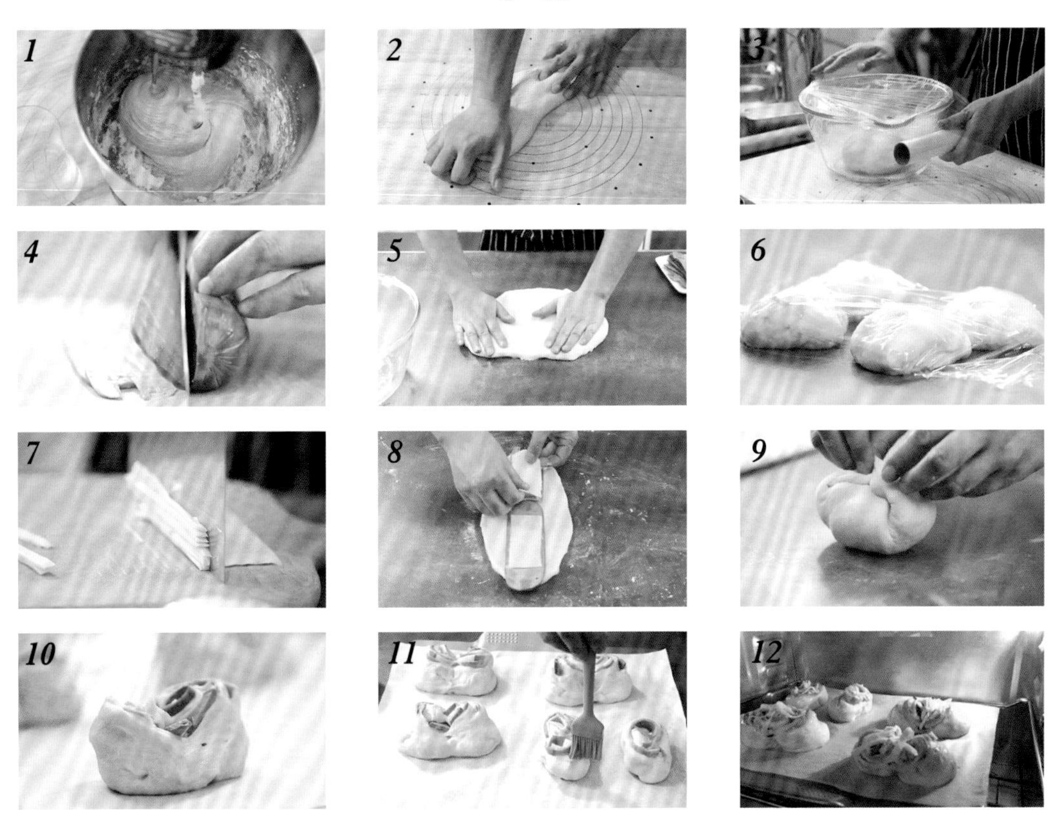

制作步骤

1. 在过筛的高筋面粉中加入盐、细砂糖、酵母粉、鸡蛋、黄油，边搅拌边加水。
2. 揉匀面团至光滑不粘手。
3. 面团发酵需要 1.5 ~ 2 小时。
4. 火腿切成片。
5. 发好的面团放到面板上，用手将里面的空气压出。
6. 把面团分成 4 份，团成圆形，盖上保鲜膜，饧发 15 分钟。
7. 将部分芝士片切丝。
8. 饧好的面团分别擀成椭圆形，放一层火腿，再放一层芝士片。
9. 从上往下慢慢卷起，把两边的口分别收紧后再捏在一起。
10. 用刀在面包的上面划一个小口，然后沿着切开的部分向两边掰开。
11. 做好的面包坯刷上一层蛋液，再撒上一层芝士丝，放入烤箱二次发酵 30 分钟。
12. 发酵好的面包坯放入预热好的烤箱中，以 180℃烤 20 分钟即可。

牛角包

牛角包

面包中的经典之作。牛角包在全世界都很普及，尤其在中国的西饼店中，牛角包是必备的快销品。很多西饼店中会标注是“法式牛角包”，其实据记载这种形状的面包最早起源于奥地利，后来奥地利的公主把这种形状的面包带到了法国。但是原来的面包并没有起酥，到了20世纪，聪明的法国面包师们研发出起酥的牛角包，也就是我们现在吃到的样子。

原料

高筋面粉	250克	酵母粉	4克
黄油1	25克	鸡蛋	1个
黄油2	60克	细砂糖	25克
盐	2.5克	水	适量

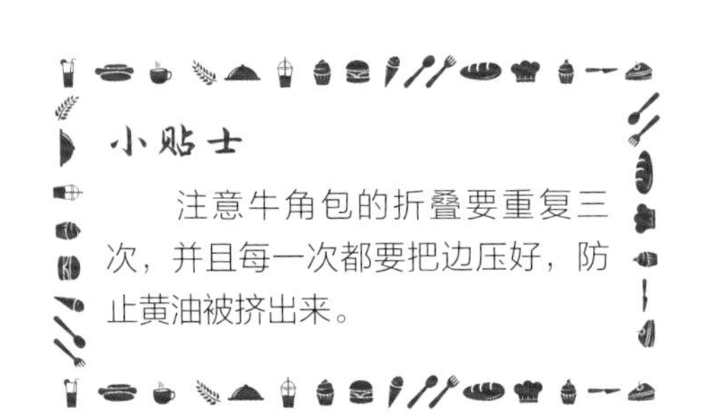

小贴士

注意牛角包的折叠要重复三次，并且每一次都要把边压好，防止黄油被挤出来。

扫一扫
详细步骤视频
即可呈现

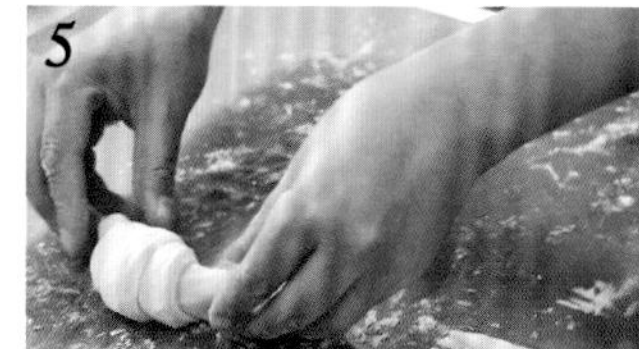

制作步骤

1. 容器中注入热水，将黄油 1 隔水熔化。
2. 将过筛的高筋面粉放入容器中，加入水、酵母粉、细砂糖、盐、鸡蛋、黄油 1 搅拌均匀，揉成光滑的面团，盖上保鲜膜，放入冰箱饧发 20 分钟。
3. 取黄油 2 放在烘焙纸上，用力擀成长方形的黄油片，然后放入冰箱冷藏。
4. 将面团擀成厚度为 3 毫米左右的长方形面片，再将黄油片放在面片的中间，然后将四个角都向中间叠起，接着擀成长方形面片，叠成三层，包上保鲜膜，放入冰箱静置 15 分钟。这样的步骤需要重复三次。
5. 面片擀成长方形后，先切成三角形，然后在三角形面片的底边中间处划一个小口，再慢慢卷起，做成牛角形状，静置 20 分钟。
6. 将牛角包表面刷蛋液，放入预热好的烤箱，上下火 200℃烤 15 分钟即可出炉。

肉松面包

肉松面包

肉松面包在西饼店中非常普遍，有很多种形式，有肉松顶在面包上面的，有夹在面包中间的，有卷在面包里面的，但是不管是哪种形式，主料都离不开肉松、沙拉酱、面包。有意思的是这种面包其实是中西合璧的一个产物。因为最早的欧洲是没有肉松的，在元朝以前中国也没有肉松这种形式的食品，直到蒙古骑兵占领了中原建立了元朝政权，肉松才在中国出现。最早的肉松可是重要的食物，因为蒙古骑兵征战的疆域非常广阔，需要单兵自己解决补给的问题，蒙古人发明的肉松和奶粉可以长时间存放，重量又非常轻，压缩后体积非常小，便于携带，加水就可以煮成肉汤，其热量和营养成分都可以满足人体需求。后来肉松传到了欧洲，就有了这种肉松面包。

原料

高筋面粉…… 250克
肉松………… 100克
黄油…………… 25克
鸡蛋……………… 1个
水………………适量
酵母粉…………… 4克
细砂糖………… 30克
沙拉酱………… 40克
奶粉…………… 15克

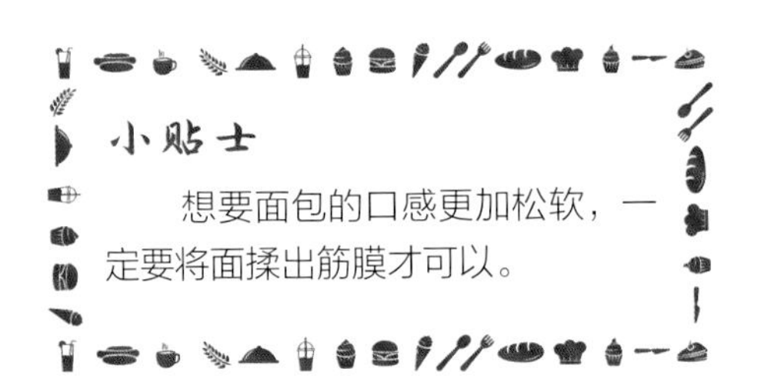

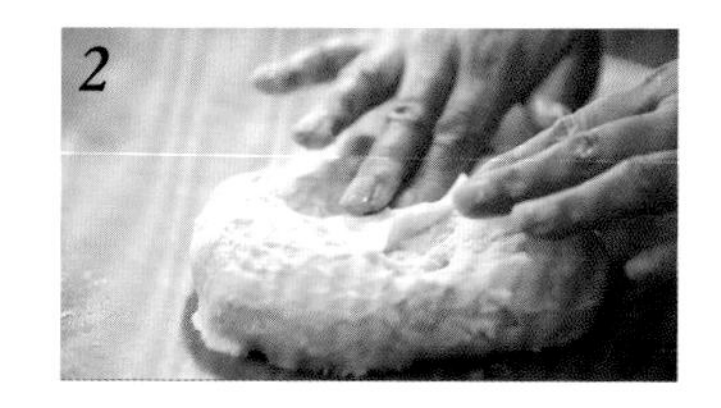

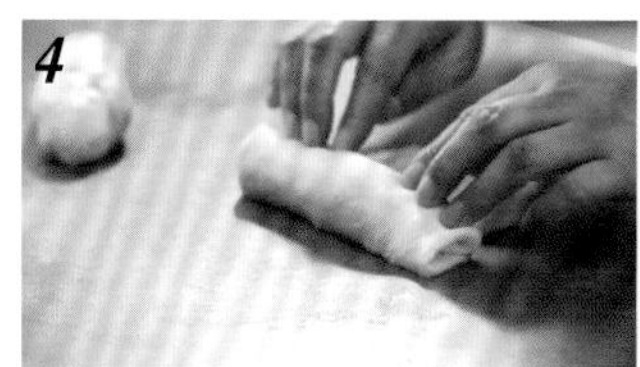

制作步骤

1. 将过筛的高筋面粉倒入搅拌机中，放入细砂糖、奶粉、酵母粉搅拌均匀后放入鸡蛋和适量的水搅拌成光滑的面团。
2. 将揉好的面团放在案板上，反复揉搓，再将黄油分三次加入面中揉匀，然后发酵 1.5 ～ 2 小时。
3. 将发好的面团放在案板上，进行按压排气，然后揉成面团，分成四等份，分别揉圆。
4. 把四个面团分别擀成椭圆形面片，然后由上向下卷起，两边收口，滚呈椭圆形。
5. 做好的面包坯放在铺好烘焙纸的烤盘上，二次发酵 40 分钟，然后放入预热好的烤箱，以 170℃烤 10 分钟。
6. 烤熟的面包取出晾凉，然后先刷上一层沙拉酱，再撒上一层肉松就可以品尝美味了。

手撕辫子面包

手撕辫子面包

这是一种源自欧洲的面包，也是我们小的时候能吃到的种类很少的面包之一。小时候买一个手撕面包和小伙伴们分享，用手一掰，面包里会呈现齐刷刷的纤维纹理，相比里面都是泡沫状的老面包口感要更好一些。很多年过去了，自己在家里做这款面包时还会想起当年的味道和当年的小伙伴们。

原料

高筋面粉 …… 250 克　　牛奶…………… 110 克
奶粉………… 30 克　　盐……………… 1.5 克
细砂糖……… 30 克　　黄油…………… 25 克
酵母粉………… 4 克　　鸡蛋……………… 1 个

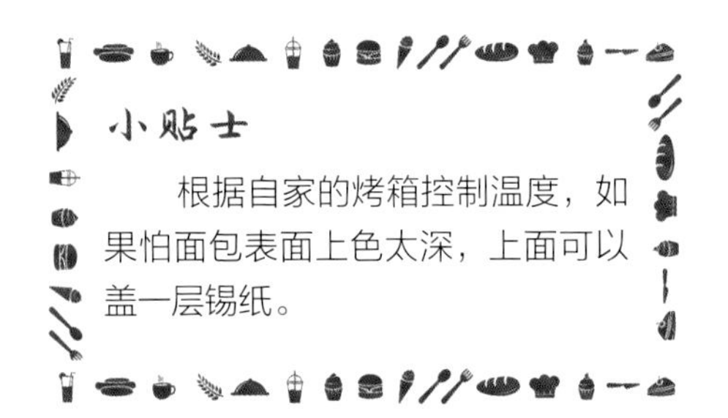

小贴士

根据自家的烤箱控制温度，如果怕面包表面上色太深，上面可以盖一层锡纸。

扫一扫
详细步骤视频
即可呈现

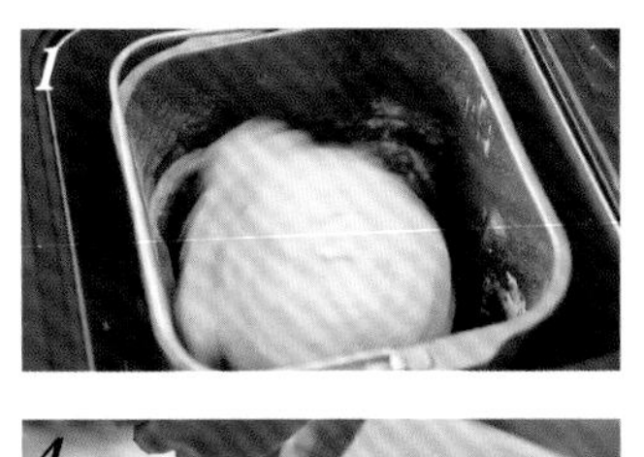

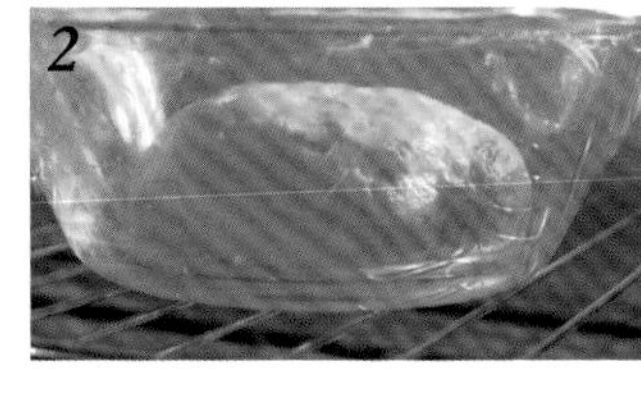

制作步骤

1. 将奶粉、酵母粉、细砂糖、盐、鸡蛋、牛奶、黄油放入过筛的高筋面粉中搅拌成光滑不粘手的面团。
2. 将面团放入烤箱中发酵，待面团发酵成原来的 1.5 ~ 2 倍大时取出。
3. 发好的面团分成均匀的三等份，然后将面团分别擀成长方形面片，再沿着长的一端慢慢卷起，卷成圆柱形后盖上保鲜膜，饧发 15 分钟。
4. 将饧发好的三根面坯的一端捏紧，然后就像编辫子一样编起来，编到底部时将其捏紧。
5. 编好的面包坯放在铺好烘焙纸的烤盘上，放入烤箱二次发酵 30 分钟。
6. 发酵好的面包坯上刷上蛋液后放入预热好的烤箱，以上下火 180℃烤 20 分钟即可。

汤种毛毛虫面包

汤种毛毛虫面包

汤种面包是源于日本的一种面包制作方法，汤种有些像中国北方的“水面起子”，作用是使面团发酵良好的同时提高面团的含水量和口感。使用汤种的面包口感松软、纹理纤细、入口湿润。毛毛虫的汤种面包是家里孩子们的最爱之一。

原料

高筋面粉 1	250 克	鸡蛋	1 个
酵母粉	4 克	牛奶 1	110 克
盐	1.5 克	黄油	25 克
奶粉	30 克	细砂糖 1	30 克

制作汤种的用料

高筋面粉 2	15 克	细砂糖 2	10 克
牛奶 2	65 克	蛋黄	1 个

扫一扫
详细步骤视频
即可呈现

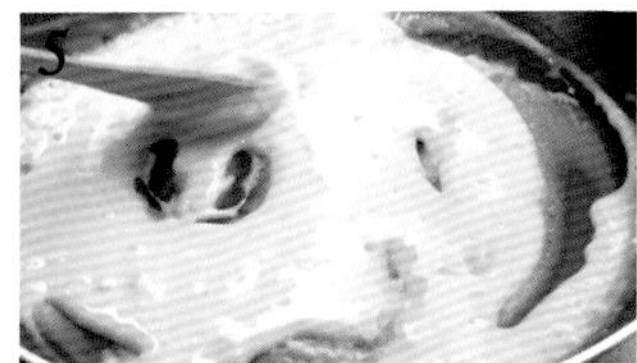

制作步骤

1. 将过筛的高筋面粉 1 倒入容器中。
2. 加入细砂糖 1、奶粉、盐、酵母粉、牛奶 1、鸡蛋、黄油，搅拌成光滑不粘手的面团。
3. 把面团放到容器中，盖上保鲜膜，放入烤箱中发酵。
4. 待面团发至 1.5 ~ 2 倍大时取出。
5. 将牛奶 2 倒入锅中，加入蛋黄、细砂糖 2、过筛的高筋面粉 2，用小火加热，边加热边搅拌成糊状，汤种就做好了。
6. 将汤种与发酵好的面团充分混合揉匀，饧发 20 分钟。
7. 把面团分成两份。

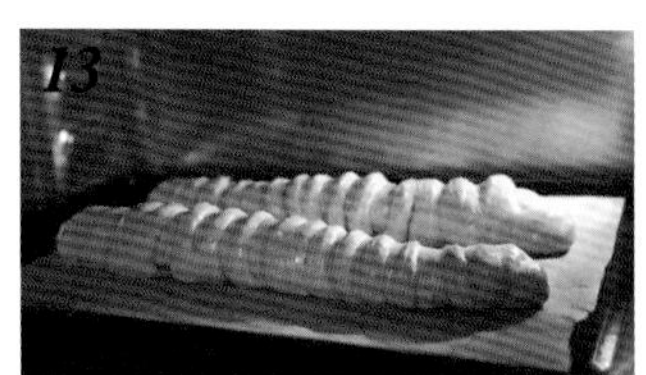

制作步骤

8. 把面团擀成厚度为 5 毫米左右、长度为 15 ～ 20 厘米的长方形面片。
9. 在面片的一端撒上肉松。
10. 面片的另一端切成 1 厘米宽的条形。
11. 将面片沿着有肉松的一端慢慢卷起呈毛毛虫的形状。
12. 做好的面包坯放在烤盘上饧发 30 分钟后刷上一层蛋液。
13. 放入预热好的烤箱，上下火均为 170℃烤 10 ～ 15 分钟，香喷喷的面包就烤好了。

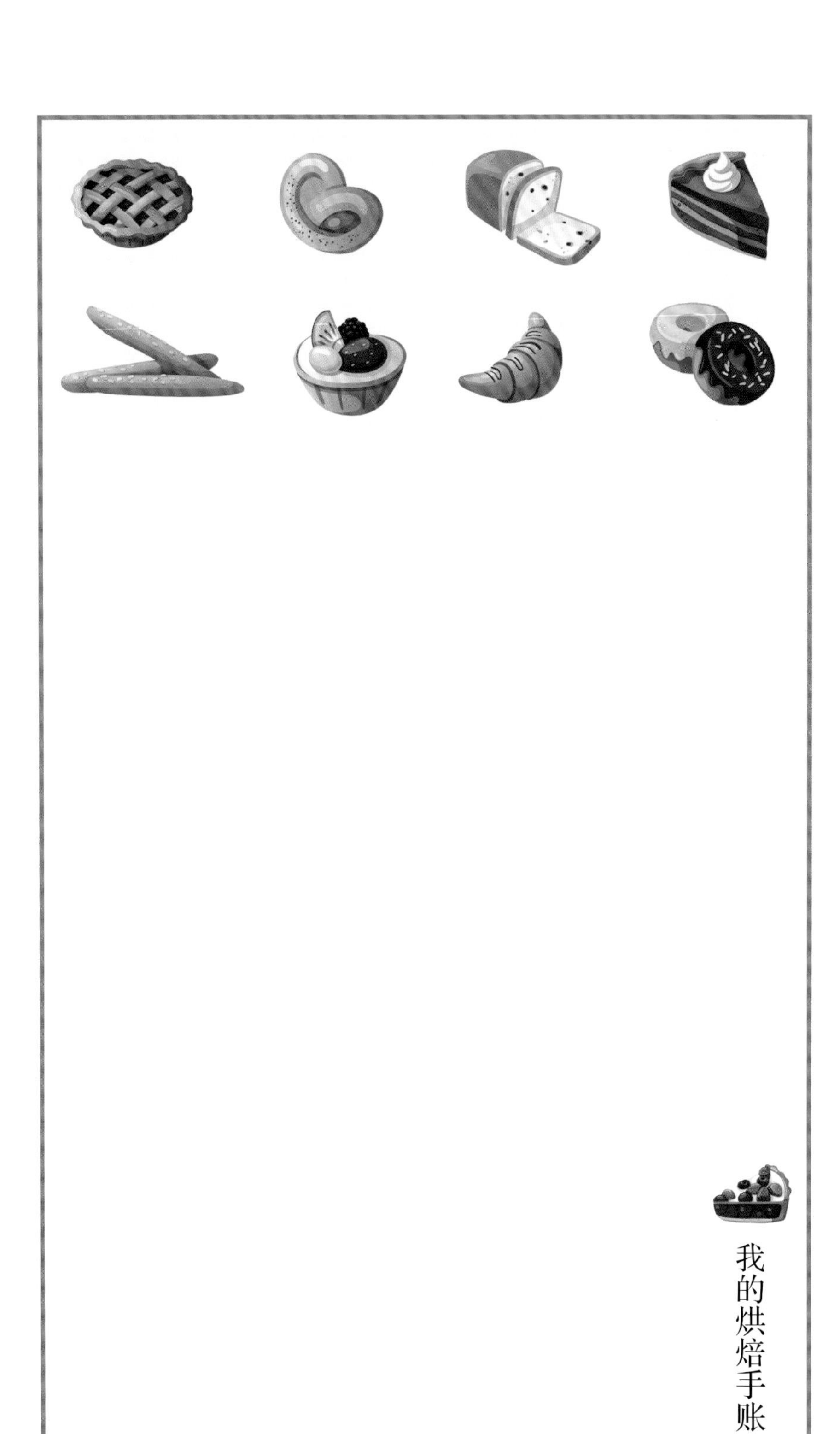
我的烘焙手账

巧克力甜甜圈

巧克力甜甜圈

甜甜圈也叫多拿滋，是英语donuts的中文音译。最早有记载的多拿滋起源于荷兰，后来流行于欧洲，根据做法的不同大概分为两种，早期的多拿滋是油炸的一种甜蛋糕，饼坯有点儿像老北京的焦圈和糖油饼的结合体，后来流传到了美国，就有了现在的多拿滋。

原料

高筋面粉 …… 250克
盐……………… 1.5克
鸡蛋……………… 1个
牛奶…………… 110克
黄油…………… 25克
巧克力………… 150克
泡打粉…………… 3克
可可粉………… 15克
红糖…………… 25克
柠檬汁………… 10克
香草精…………… 3克

小贴士

将和好的面糊倒入模具中至八分满即可，倒多了烤制过程中会溢出。

扫一扫
详细步骤视频
即可呈现

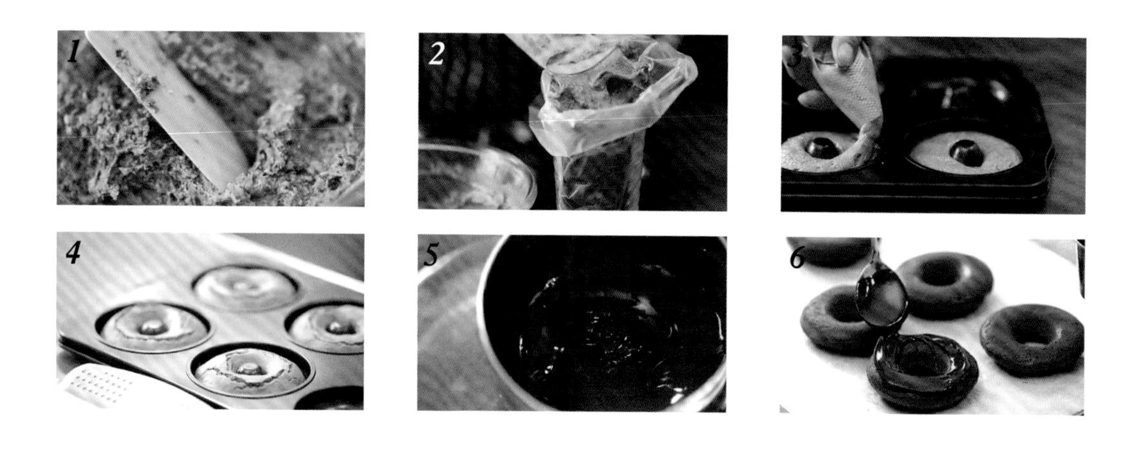

制作步骤

1. 将高筋面粉、泡打粉、可可粉过筛到容器中，倒入牛奶、鸡蛋、室温软化的黄油、盐、红糖、柠檬汁、香草精，搅拌均匀。
2. 面糊装入装裱袋中。
3. 面糊挤入模具中，挤至八分满即可。
4. 放入烤箱上下火，以 220℃烤 8 分钟；拿出晾凉。
5. 容器中注入热水，将巧克力隔水熔化。
6. 将熔化的巧克力用勺子抹在烤好的饼坯上，晾凉即可享用。

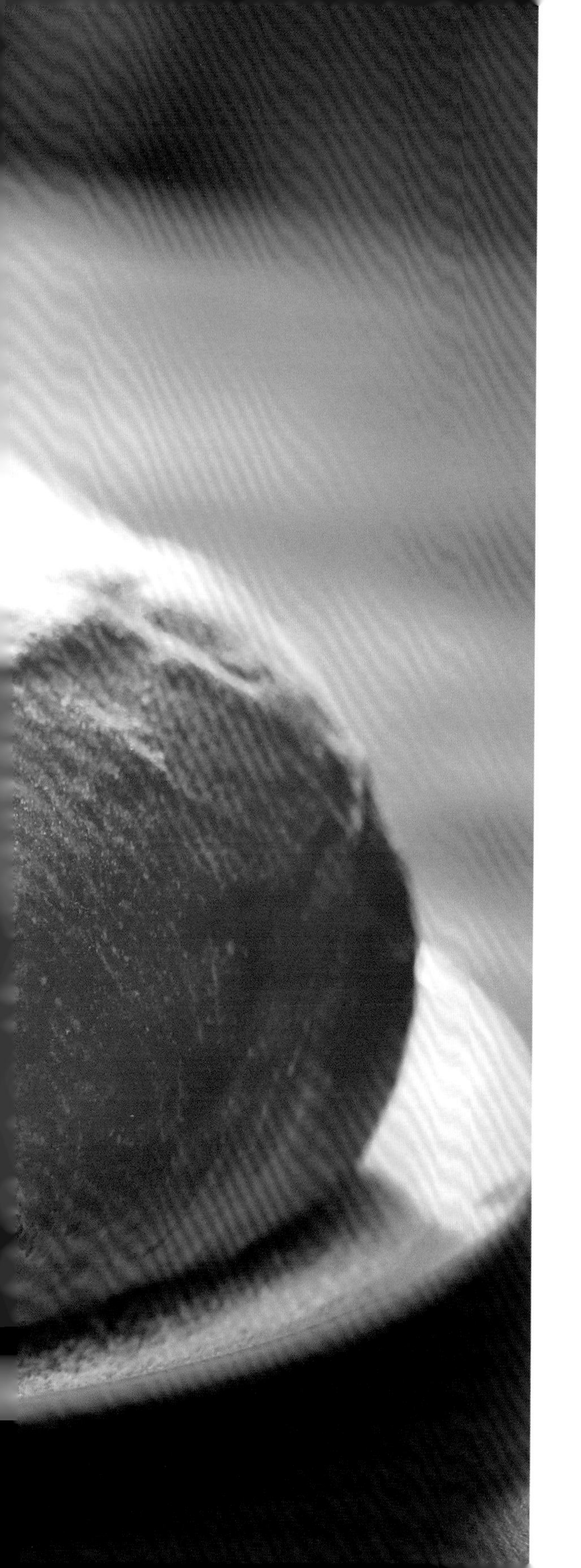

奶酪包

奶酪包

奶酪面包是一款来自欧洲的家常面包。因为食用方便、热量高，所以非常适合作为上班族的早餐。面包主体的烘焙方法非常传统，配上乳酪和奶粉口感甜糯。喜欢低热低糖的朋友可以将奶酪换成淡奶油，将奶粉换成熟杏仁粉。

原料

原料	用量	原料	用量
高筋面粉	250克	奶粉1	30克
黄油	25克	奶粉2	30克
细砂糖1	30克	奶粉3	30克
细砂糖2	20克	牛奶1	110克
酵母粉	4克	牛奶2	10克
盐	1.5克	鸡蛋	1个
糖粉	30克	奶油奶酪	100克

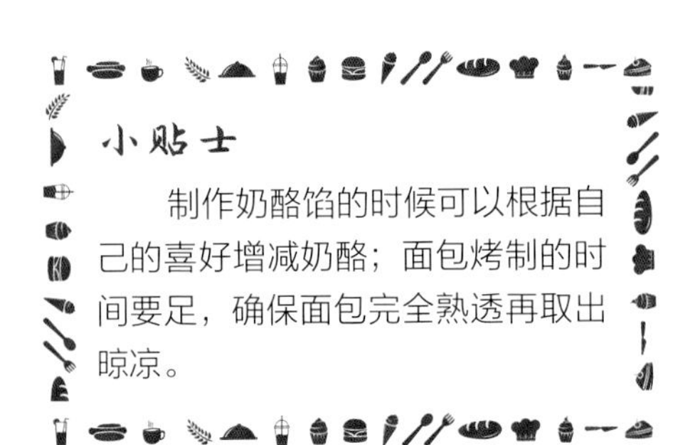

小贴士

制作奶酪馅的时候可以根据自己的喜好增减奶酪；面包烤制的时间要足，确保面包完全熟透再取出晾凉。

扫一扫
详细步骤视频
即可呈现

制作步骤

1. 将过筛的高筋面粉放入容器中，加入细砂糖 1 、奶粉 1、盐、酵母粉、鸡蛋、黄油、牛奶 1 搅拌成光滑不粘手的面团。
2. 发酵好的面团是原来面团的 1.5 ～ 2 倍大，取出面团排空气体后揉成圆形面团，放在铺好烘焙纸的烤盘上。
3. 放入预热好的烤箱，上下火 170℃烤 30 分钟。
4. 烤好的面包取出晾凉，切成四份。
5. 将牛奶 2、细砂糖 2、奶粉 2 混合，搅拌均匀，涂抹在面包上。
6. 将面包蘸满奶粉 3 和糖粉的混合粉即可。

黑加仑司康

黑加仑司康

司康来自英语scone的音译，这是一种起源于苏格兰的快速面包。司康的命名来自它岩石一样的外形，因为苏格兰皇室的一块圣石就被人们称作司康之石(stone of scone)。这块圣石对苏格兰非常重要，苏格兰皇室的加冕就在圣石的所在地。

原料

低筋面粉	250克	细砂糖	25克
盐	2克	牛奶	100克
泡打粉	10克	黄油	60克
黑加仑	50克	核桃仁碎	50克
鸡蛋	1个		

小贴士

做司康时要注意黄油不要完全熔化，将黄油切成颗粒状，和面粉混合在一起，尽量不要用手来回揉搓，因为手上的温度会加速黄油的熔化，影响司康的口感。

扫一扫
详细步骤视频
即可呈现

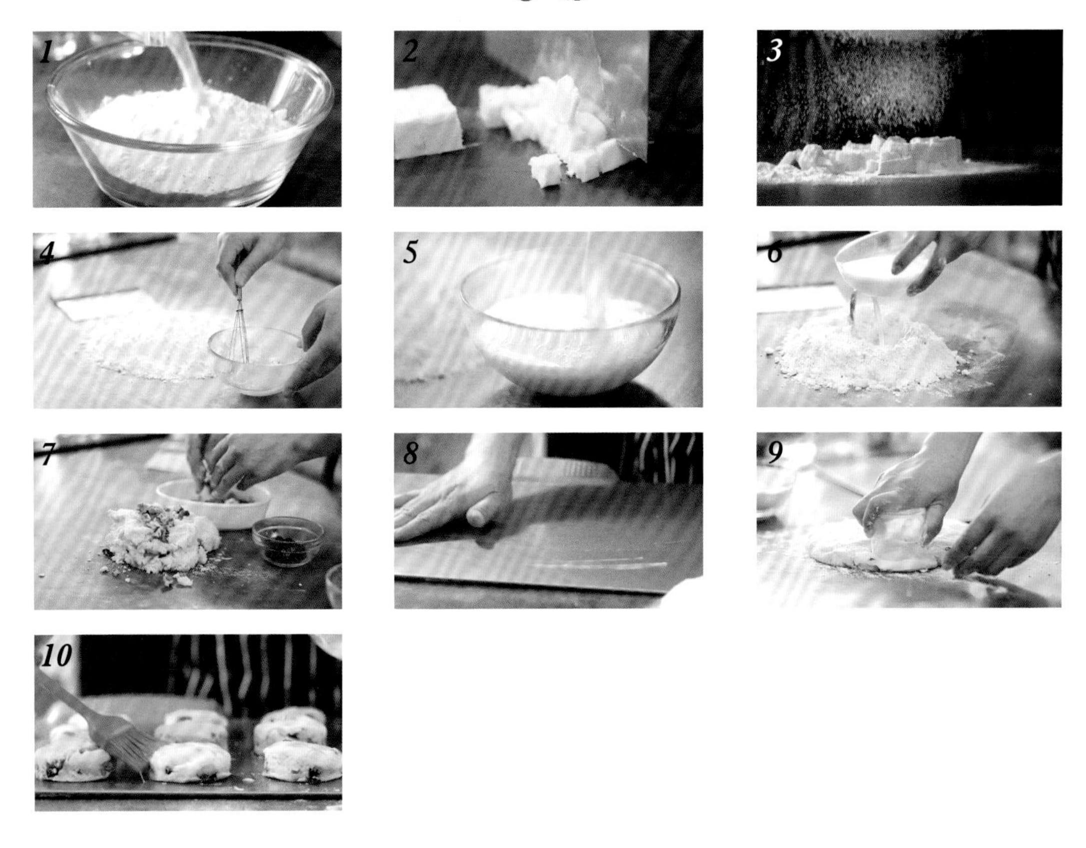

制作步骤

1. 低筋面粉中加入泡打粉、盐、细砂糖，搅拌均匀。
2. 将从冰箱中取出的黄油切成小块。
3. 将混合好的面粉筛到黄油上，充分混合切拌。
4. 鸡蛋磕入碗中，将蛋液打散。
5. 牛奶倒入蛋液中，搅拌均匀。
6. 将蛋奶液倒入低筋面粉中，搅拌至没有干粉就可以了。
7. 加入核桃仁碎、黑加仑做成厚度为 2 厘米左右的面饼，在表面撒上一层干面粉。
8. 烤盘上抹上薄薄的一层黄油。
9. 用直径为 3 厘米的模具将面饼制成司康饼坯，放在烤盘上。
10. 表面刷上一层蛋液，放入预热好的烤箱中，上下火 220℃，烤 15 分钟即可。

PART 4 其他西点篇

酥皮泡芙

酥皮泡芙

泡芙是英语puff的音译，是一种源自意大利的甜品。酥皮泡芙主要在于泡芙酥脆的外皮和柔软的内心，用专门配制的油酥面皮覆盖在上面烤制，使其在烘烤的膨胀过程中自然酥裂开。柔软的奶油，咬下第一口马上想吃下一口。

原料

低筋面粉1	40克	牛奶	100克
低筋面粉2	55克	盐	2克
黄油1	40克	红曲粉	5克
黄油2	40克	细砂糖	20克
红糖	5克	蛋液	150克
淡奶油	适量		

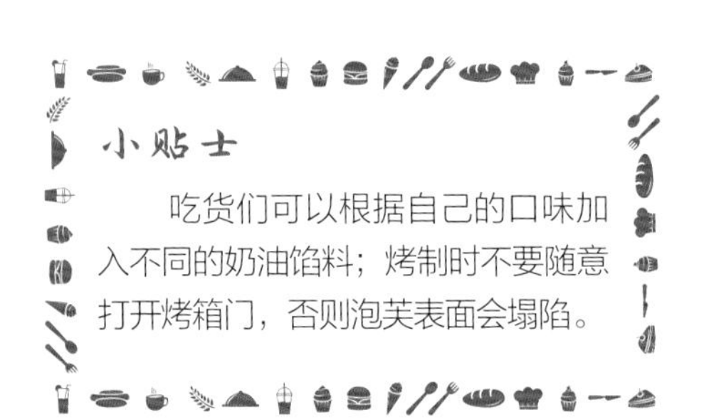

小贴士

吃货们可以根据自己的口味加入不同的奶油馅料；烤制时不要随意打开烤箱门，否则泡芙表面会塌陷。

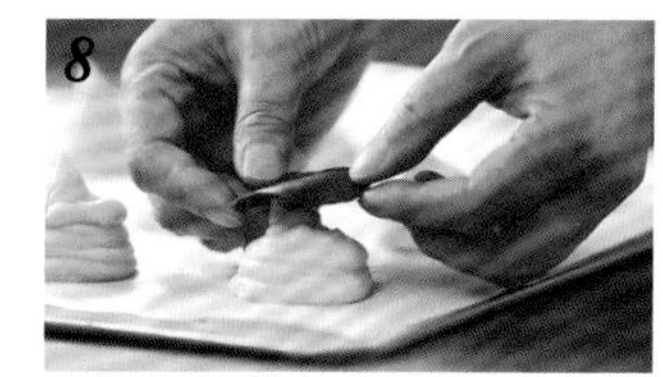

制作步骤

1. 室温软化的黄油 1 中加入细砂糖，搅拌均匀，再加入盐和牛奶搅拌均匀，然后筛入低筋面粉 1 继续搅拌均匀。
2. 将调好的液体过滤到锅中。
3. 开小火加热，并迅速搅拌成均匀黏稠的面糊，然后盛入碗中。
4. 分三次加入蛋液，搅拌均匀。
5. 将蛋糊装入裱花袋中。
6. 黄油 2 和红糖搅拌均匀后筛入红曲粉和低筋面粉 2，搅拌均匀。
7. 将面团放在两张油纸的中间，然后擀成 2 ~ 3 毫米厚的面片，再用直径为 2 厘米左右的模具压成若干个圆形的小面片，放入冰箱中冷藏 30 分钟。
8. 把裱花袋中的面糊挤成 2 ~ 3 厘米大小的小面团，挤到铺好烘焙纸的烤盘上，再盖上做好的红曲面片。
9. 放入预热好的烤箱，以上下火 180℃烤 30 分钟。
10. 烤好的泡芙中挤入打发的淡奶油，也可以选择卡仕达酱、冰淇淋等自己喜欢的馅料。

酥皮蛋挞

酥皮蛋挞

蛋挞的英文egg tart，从文字本意来讲是鸡蛋作为内馅的馅饼，这款甜品很早就由欧洲流传至我国了。据记载，我国清末的《满汉全席》中就有对蛋挞的描述了，二十世纪二三十年代的广州茶楼已经有了蛋挞，据说当时的蛋挞个头很大，一个就可以吃饱，后来蛋挞流传到香港的茶楼，个头逐渐变成了今天这么大。

原料

高筋面粉……150克
低筋面粉1……10克
低筋面粉2……75克
细砂糖…………20克
鸡蛋………………2个
盐…………………1克
牛奶……………90克
淡奶油…………60克
黄油1…………50克
黄油2…………50克
糖粉……………20克

小贴士

做蛋挞皮时，黄油不能太硬也不能太软，黄油太硬在擀挞皮时容易将塔皮扎破，黄油太软容易呈液态不好操作；制作挞皮速度要快些；每一次挞皮折叠好后一定要放入冰箱冷藏室松弛20分钟；蛋挞液不能放入太多，因为在烤制过程中，蛋挞皮会回缩造成蛋挞液溢出，导致蛋挞制作失败。

扫一扫
详细步骤视频
即可呈现

制作步骤

1. 将黄油1、2分别隔水熔化。
2. 将高筋面粉、糖粉、盐筛入容器中，加入熔化的黄油1，搅拌均匀成黄油面团，然后用保鲜膜包裹好静置20分钟。
3. 低筋面粉2过筛到容器中，放入熔化的黄油2搅拌均匀成油酥面团。
4. 先取出黄油面团擀成长方形面片，再将油酥面团放在黄油皮的中间擀平，然后将黄油皮的四个边角向中间叠起。
5. 擀成长方形面片，再将面片切叠成三层，这样的步骤要重复三次，蛋挞皮就做好了。
6. 用模具将蛋挞皮压出来，放到蛋挞模具中，用手指从中间向四周慢慢碾压的方式将蛋挞皮与蛋挞模具完全结合在一起。
7. 鸡蛋中加入细砂糖，搅拌均匀至细砂糖全部溶化。
8. 倒入淡奶油、牛奶，筛入低筋面粉1搅拌均匀后放入盛有开水的容器中隔水加热。
9. 将蛋挞液过滤，再加入做好的蛋挞皮中，然后放入预热好的烤箱中采取下火加热的方式，以180℃烤25分钟即可。

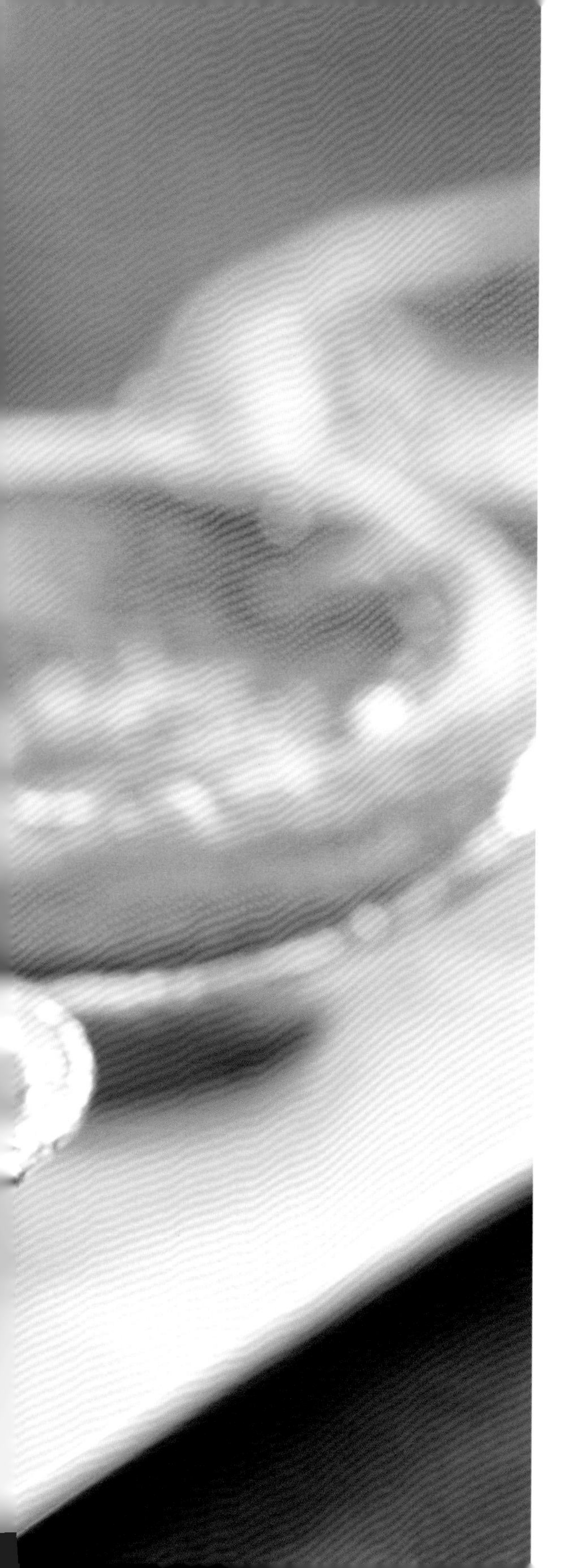

芒果蛋挞

芒果蛋挞

做好蛋挞是每一位烘焙小伙伴进阶的标志。挞皮制作的酥脆程度以及蛋浆烤出的口感是制作蛋挞的关键。芒果是东南亚一带常见的水果，将芒果加入蛋浆中烤成的蛋挞口感较好，受到多数人们的喜爱。

原料

高筋面粉	150克	黄油1	50克
低筋面粉1	75克	黄油2	50克
低筋面粉2	10克	细砂糖	20克
芒果	2个	牛奶	90克
盐	1克	淡奶油	60克
糖粉	20克	鸡蛋	2个

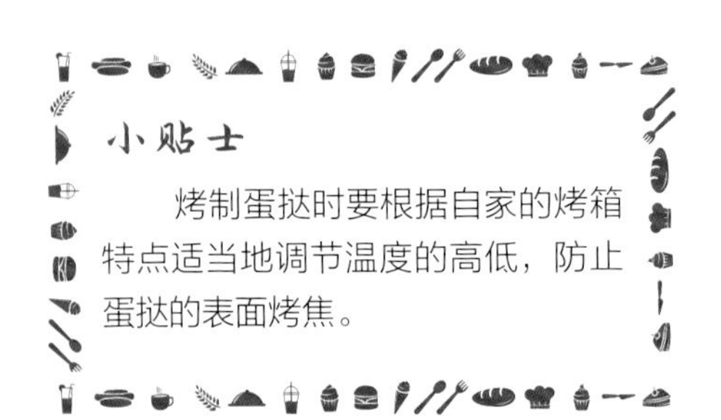

小贴士

烤制蛋挞时要根据自家的烤箱特点适当地调节温度的高低，防止蛋挞的表面烤焦。

扫一扫
详细步骤视频
即可呈现

制作步骤

1. 容器中倒入热水，黄油 1、2 分别隔水加热至其完全熔化。
2. 将高筋面粉、糖粉、盐筛入容器中，加入熔化的黄油 1，搅拌均匀成黄油面团，然后用保鲜膜包裹好静置 20 分钟。
3. 低筋面粉 1 过筛到容器中，放入熔化的黄油 2 搅拌均匀成油酥面团。
4. 先取出黄油面团擀成长方形面片，再将油酥面团放在黄油皮的中间擀平，然后将黄油皮的四个边角向中间叠起。
5. 擀成长方形面片，再将面片切叠成三层，这样的步骤要重复三次，蛋挞皮就做好了。
6. 用模具将蛋挞皮压出来，放到蛋挞模具中，用手指从中间向四周慢慢碾压的方式将蛋挞皮与蛋挞模具完全结合在一起。
7. 鸡蛋中加入细砂糖，搅拌均匀至糖全部溶化，倒入淡奶油、牛奶，筛入低筋面粉 2 搅拌均匀后放入盛有热水的容器中隔水加热。
8. 将蛋挞液搅拌均匀后过滤到容器中。
9. 芒果切成小颗粒，放入蛋挞中，再倒入蛋挞液，放入预热好的烤箱，采用下加热 180℃，烤 25 分钟即可。

抹茶红豆酥

抹茶红豆酥

这道抹茶红豆酥是中西结合的烘焙佳品，因为抹茶粉和红豆都具有解暑降火的功效，所以这道点心非常适合在夏天作为茶点食用。在家中做这道点心最重要的是制作酥皮时一定要有耐心，酥皮的层数越多口感越松软，越有入口即化的感觉。

原料

低筋面粉 1	100 克	水	适量
低筋面粉 2	150 克	黄油 1	50 克
抹茶粉	15 克	黄油 2	50 克
细砂糖	15 克	蜜豆	200 克

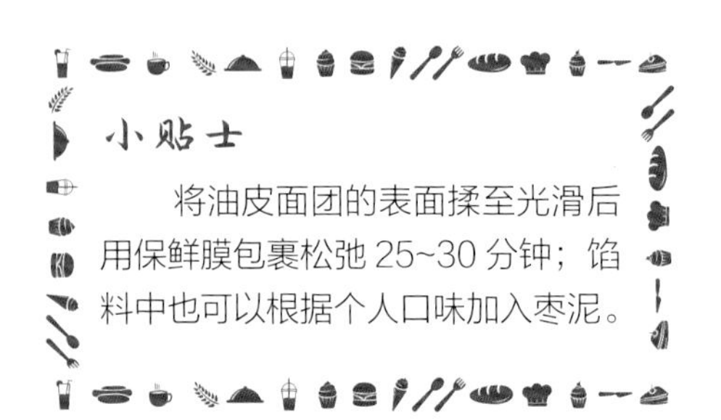

小贴士

将油皮面团的表面揉至光滑后用保鲜膜包裹松弛 25~30 分钟；馅料中也可以根据个人口味加入枣泥。

扫一扫
详细步骤视频
即可呈现

制作步骤

1. 容器中倒入热水，将黄油 1、2 分别隔水熔化。
2. 低筋面粉 2 筛入容器中，加入细砂糖、熔化的黄油 1、适量的水搅拌均匀后揉成光滑的面团，静置 20 分钟。
3. 将低筋面粉 1 中加入抹茶粉，加入熔化的黄油 2 搅拌均匀后揉成光滑的面团，静置 20 分钟。
4. 将白色的油皮面团分成若干个 30 克的小面团。
5. 将绿色的酥皮面团分成若干个 15 克的小面团，然后将两种颜色的小面团盖上保鲜膜静置 20 分钟。
6. 取白色的面团擀成圆形面片，然后将绿色小面团包裹起来，滚圆后收口朝下，擀成牛舌状，再由上向下慢慢卷起，静置 15 分钟。
7. 将面卷擀成面片，再由上向下慢慢卷起，静置 15 分钟。
8. 在面卷的中间切一刀，分为均等的两份，然后切面朝上擀成圆形，再将切面朝下放入蜜豆馅包裹严实，滚呈圆形后收口朝下，静置 15 分钟。
9. 摆放在铺好烘焙纸的烤盘上，再放入预热好的烤箱中上下火 170℃，烤 15 分钟即可。

焦糖腰果酥

焦糖腰果酥

这道甜品的制作重点在于腰果和焦糖的火候。首先腰果一定要买生的腰果自己烤制，一般根据腰果的大小，用上下火160℃烤七八分钟，烤至腰果的香味出来，表面的颜色微微变黄一点儿即可。千万不要完全烤熟成金黄色。熬制焦糖也要用小火慢慢熬制，直到糖浆由深黄色变红褐色时，将烤后的腰果倒入搅拌。晾凉后的焦糖和腰果才是完美的搭配。

原料

低筋面粉	100克	黄油	52克
腰果	100克	鸡蛋	1个
细砂糖1	25克	水	180克
细砂糖2	70克		

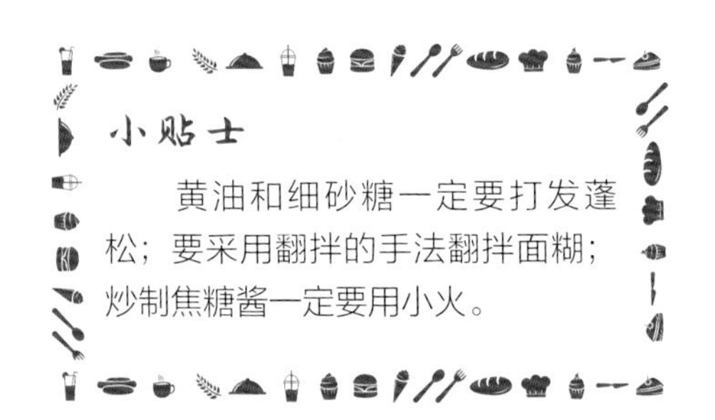

小贴士

黄油和细砂糖一定要打发蓬松；要采用翻拌的手法翻拌面糊；炒制焦糖酱一定要用小火。

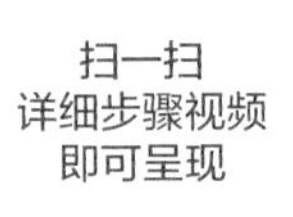

制作步骤

1. 容器内放入室温软化的黄油，加入细砂糖 1 打发。
2. 倒入打散的蛋液，搅拌均匀。
3. 筛入低筋面粉，搅拌均匀。
4. 将面团放在烘焙纸上，擀成 1 厘米左右厚的饼干坯。
5. 放在烤盘上，放入预热好的烤箱，上下火 180℃，烤 10 分钟左右，取出晾凉备用。
6. 锅中倒入水，放入细砂糖 2，小火熬制，待糖的颜色变成红褐色时焦糖就熬好了。
7. 倒入烤好的腰果，迅速翻炒使每一颗腰果都裹满焦糖。
8. 将炒好的腰果倒在饼干上，放入烤箱 180℃烤 8 分钟。
9. 取出晾凉切块食用。

椰香开口酥

椰香开口酥

这种面点在广东、福建、江浙一带都有类似的做法，经常作为早茶的茶点。酥皮的制作和内馅椰蓉的配料以及烤制的火候都很重要，所以建议初学这道烘焙的小伙伴们最好做好每一次的制作笔记。记录每一次的制作细节，比如食材比例、饧发时间、烤箱上下温度设置、烤盘上下位置等信息，也可以根据自己的口味适当调整材料。

原料

低筋面粉1…… 70克
低筋面粉2 … 100克
黄油1………… 50克
黄油2………… 40克
黄油3………… 20克
水……………… 40克
细砂糖………… 20克
红曲粉………… 20克
椰蓉…………… 50克
糖粉…………… 20克
蛋液…………… 20克

小贴士

要将油皮面团揉至表面光滑，用保鲜膜包裹松弛25~30分钟；做造型时，切口不要切得太深，不然烤制时开口会过大，馅料会散开，形状不好看。

扫一扫
详细步骤视频
即可呈现

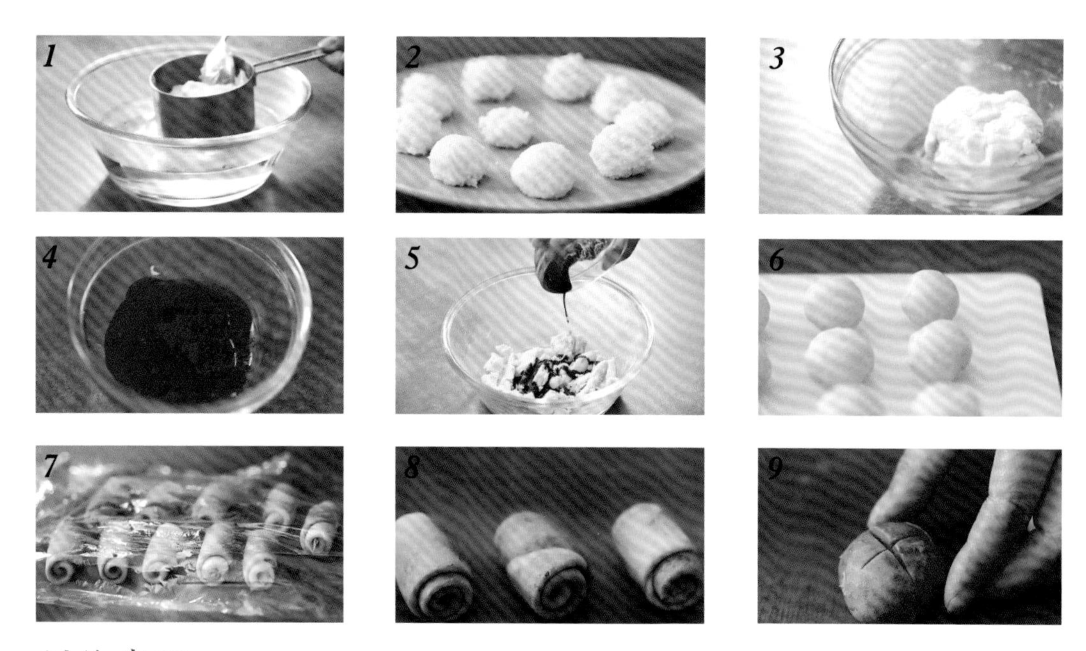

制作步骤

1. 容器中倒入热水，将全部黄油分别隔水熔化。
2. 将椰蓉放入容器中，加入糖粉、熔化的黄油 3、蛋液，搅拌均匀后，分成均匀大小的若干份，再搓成圆球状放入冰箱冷藏 40 分钟。
3. 将低筋面粉 1、细砂糖放入容器中，加入熔化的黄油 2、水搅拌均匀揉成光滑的面团，盖上保鲜膜饧 20 分钟。
4. 将红曲粉放入容器中，加 1 小勺水搅拌均匀（喜欢绿色的，可用抹茶粉代替）。
5. 将低筋面粉 2 中加入熔化的黄油 1 搅拌均匀成酥皮面团，然后加入红曲溶液，搅拌均匀。
6. 将油皮面团分成若干个 15 克的小面团，酥皮面团分成若干个 10 克的小面团。
7. 将油皮面团压扁后擀成圆形，然后将酥皮面团包裹严实呈球状，再擀成牛舌状，沿一端卷起，覆保鲜膜静置 10 分钟。
8. 将卷好的面卷由上向下再擀一次，然后卷起，静置 10 分钟。
9. 用筷子在面卷的中间部分压一下，再按平擀成圆形，然后将椰蓉馅包裹严实，滚呈圆形后在顶部切一个十字切口，放入预热好的烤箱，以上下火 180℃烤 30 分钟即可。

培根比萨

培根比萨

比萨（pizza）是意大利的经典美食，据考证，在古罗马时期就有类似现代比萨的雏形。但是我们更愿意相信中国起源说，相传是由马可·波罗从中国游历后回到意大利回味在中国吃到的美味馅饼，却不知道怎么做，根据零星的回忆却怎么也无法把馅料装到饼坯里面，干脆就把馅料放在饼的上面，结果却大受欢迎。据说意大利有超过20 000家比萨店，比萨大师在意大利更是非常受人尊敬。

原料

低筋面粉	120克	青椒圈	80克	盐	2克
洋葱丝	200克	芝士	220克	酵母粉	3克
香菇片	30克	香肠	150克	培根	100克
红椒丝	150克	黄油	10克	番茄酱	40克
黄椒丝	150克	细砂糖	30克	温水	适量

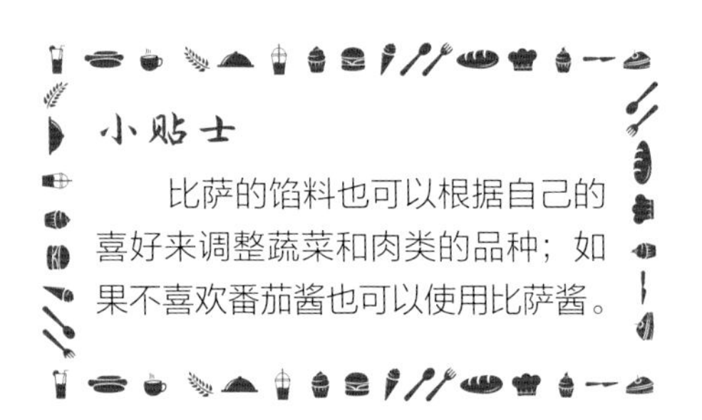

小贴士

比萨的馅料也可以根据自己的喜好来调整蔬菜和肉类的品种；如果不喜欢番茄酱也可以使用比萨酱。

扫一扫
详细步骤视频
即可呈现

制作步骤

1. 将酵母粉放入温水中，稍稍搅拌发酵 25 分钟。
2. 容器中注入热水，将黄油隔水加热至完全熔化。
3. 容器中筛入低筋面粉，加入盐、细砂糖、熔化的黄油、发酵好的酵母水，先揉成光滑不粘手的面团，再用保鲜膜包裹冷藏 20 分钟。
4. 将面团擀成圆形饼坯。
5. 将擀好的饼坯放入抹好黄油的比萨盘中，然后用叉子扎数个小孔，再放入烤箱中二次发酵（二次发酵的同时，在烤箱中放入一个盛有热水的托盘，这有助于更好地发酵）。
6. 在饼坯上先刷上一层番茄酱。
7. 先撒上洗净的香菇片、洋葱丝、青椒圈、红椒丝、黄椒丝和培根、香肠、芝士，再撒上一层芝士。
8. 放入预热好的烤箱中，上下火 200℃烤 10 分钟即可。

鲜虾比萨

鲜虾比萨

比萨在中国家庭中并不普及，关键在于饼坯的制作，很多家庭是买速冻饼坯然后撒上馅料烤制的，这种速冻的饼坯一般都是美式的机制饼坯。真正的意大利比萨饼坯必须是不用任何工具手抛成型，小伙伴们想练成这个绝技没几年工夫恐怕不成。我们教小伙伴们一种速成比萨饼坯，用中国的擀面杖擀成饼坯放在烤盘中烤出好吃的比萨饼。

原料

原料	用量	原料	用量
低筋面粉	120 克	胡椒粉	适量
植物油	5 克	番茄酱	30 克
细砂糖	30 克	黄椒丁	80 克
盐 1	2 克	红椒丁	80 克
盐 2	3 克	青豆	100 克
酵母粉	3 克	马苏里拉奶酪丝	150 克
黄油	10 克	虾仁	250 克
酱油	适量	温水	适量
水	适量		

小贴士

虾要提前腌制一会；面饼放入烤盘后要用叉子扎成若干个小孔，防止烤制时面饼膨胀。

制作步骤

1. 将酵母粉放入温水中，轻轻搅拌制成酵母水。
2. 容器中注入热水，黄油隔水熔化。
3. 低筋面粉中放入熔化的黄油、盐 1、细砂糖、酵母水、水，揉成光滑不粘手的面团，用保鲜膜包好放入冰箱冷藏 20 分钟。
4. 冷藏好的面团先用手压扁，再用擀面杖擀成圆形面片，放到比萨盘中铺好。
5. 用叉子在面片上扎孔。
6. 将饼坯放入烤箱中发酵 30 分钟（烤箱中放入装有热水的托盘有助于饼坯更好地发酵）。
7. 煮熟的虾仁中放入酱油、胡椒粉、盐 2、细砂糖、植物油，搅拌均匀后腌制 20 分钟。
8. 发酵好的饼坯上刷上一层番茄酱，撒上一层马苏里拉奶酪丝。
9. 放上虾仁、青豆、黄椒丁、红椒丁，再撒上一层马苏里拉奶酪丝。
10. 放入预热好的烤箱，上下火 200℃，烤 15 分钟即可。

鸡肉酥皮派

鸡肉酥皮派

这款美食属于英式烘焙，但是和它类似的做法遍布全世界，比如摩洛哥的鸡肉酥皮卷、法式的鸡肉派。咱们中国也有更古老的做法，比如川菜中的酥皮鸡饺、粤菜中的酥皮老鸡滋补汤品等。

原料

低筋面粉…… 100 克
鸡胸肉……… 150 克
胡萝卜丁………100 克
土豆丁……… 150 克
青椒圈………… 50 克
大蒜………………适量
细砂糖………… 20 克
酵母粉…………… 3 克
水…………………适量

奶粉…………… 10 克
黄油…………… 50 克
蚝油……………… 5 克
黑胡椒酱………… 3 克
鸡蛋……………… 1 个
盐 1 ……………… 3 克
盐 2 ……………… 2 克
植物油……………适量

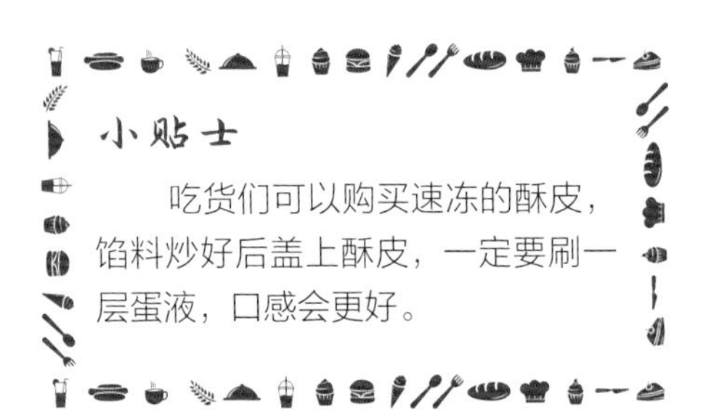

小贴士

吃货们可以购买速冻的酥皮，馅料炒好后盖上酥皮，一定要刷一层蛋液，口感会更好。

扫一扫
详细步骤视频
即可呈现

制作步骤

1. 将刚从冰箱拿出来的黄油用烘焙纸包裹打压成长方形薄片，放回冰箱冷藏备用。
2. 低筋面粉放入容器中，放入细砂糖、奶粉、酵母粉、盐 1 搅拌均匀后，磕入鸡蛋搅拌成光滑不粘手的面团，饧发 20 分钟。
3. 饧发好的面团擀成长方形面片，将黄油片取出放在面片的中间，再将面片的四个角都向中间叠起。
4. 用擀面杖将叠好的长方形面片擀成长方形，然后将面皮叠成三层，用保鲜膜包裹好放入冰箱冷藏 20 分钟。
5. 鸡胸肉切丁后焯水，去除鸡肉的腥味。
6. 剥好的大蒜切成两半。
7. 胡萝卜丁、土豆丁用热水煮成八分熟。
8. 锅中放入植物油，先将大蒜炒至金黄，再放入鸡丁、胡萝卜丁、土豆丁翻炒均匀，然后加入适量的水炖煮 2 ~ 3 分钟。
9. 放入蚝油、黑胡椒酱、盐 2 进行调味，再放入青椒圈翻炒均匀，盛到容器中备用。
10. 取出面片擀成长方形后根据容器的大小切成需要的形状，盖在鸡肉上。
11. 刷上蛋液，放入预热好的烤箱，上下火 180℃，烤 20 分钟。

酥皮苹果派

酥皮苹果派

派（pie）是起源于东欧的一种甜点，简单易做，非常受美国主妇们喜欢。在战争年代因为食物的紧缺，苹果派经常作为主食出现在餐桌和工人以及学生的便当盒中，后来美国的主妇们又尝试制作出很多的苹果派品种。

原料

原料	用量	原料	用量
低筋面粉	150 克	黄油 1	50 克
水淀粉	5 克	黄油 2	30 克
苹果	2 个	蛋液	30 克
肉桂粉	3 克	细砂糖 1	50 克
盐	2 克	细砂糖 2	30 克
柠檬汁	5 克	水	适量

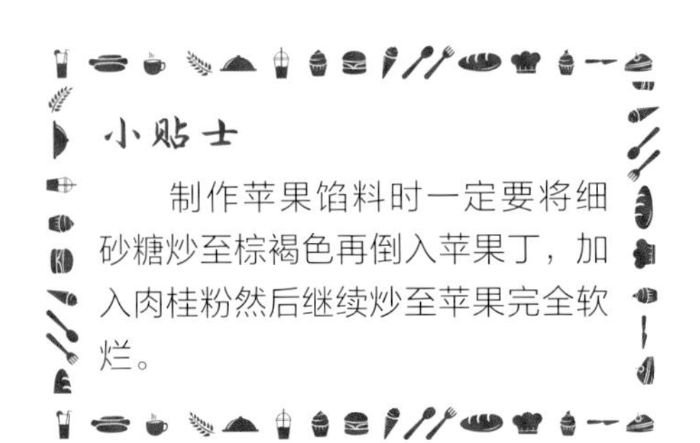

小贴士

制作苹果馅料时一定要将细砂糖炒至棕褐色再倒入苹果丁，加入肉桂粉然后继续炒至苹果完全软烂。

扫一扫
详细步骤视频
即可呈现

制作步骤

1. 容器中加入热水，黄油 1 隔水熔化。
2. 低筋面粉中放入细砂糖 2、熔化的黄油 1、盐、蛋液和适量的水搅拌均匀后揉成光滑不粘手的面团，覆保鲜膜饧发 2 小时。
3. 苹果去皮切成小丁。
4. 锅中放入黄油 2，加热使黄油完全熔化，放入苹果丁，翻炒至苹果变软。
5. 放入细砂糖 1 继续翻炒至糖全部溶化。
6. 放入肉桂粉、柠檬汁、水淀粉翻炒入味。
7. 把饧发好的面团分成大小两份，先将大的面团擀成圆形饼坯。
8. 模具中抹上薄薄的一层黄油，然后将饼坯放到模具中铺好，再用叉子扎数个小孔。
9. 炒好的苹果倒在饼坯上铺匀。
10. 将剩下的小面团擀成圆形薄饼，再用刀切成 1 厘米宽的长条。
11. 将切好的面条横竖交错地摆在苹果馅上，然后刷一层蛋液。
12. 放入预热好的烤箱，160℃，烤 35 分钟左右。

洋梨布丁

洋梨布丁

布丁是英语pudding的发音，可以理解为“奶冻”。在英国的甜点中布丁类是主角，所以在英国布丁是可以代指广义甜点的一个词。制作布丁的水果最好是有形、清香、甜度比较高的水果。洋梨是非常合适的选择，因为洋梨本身含水量少，甜度高，烘烤后的口感较好。

原料

低筋面粉	50克	洋梨	1个
鸡蛋	2个	细砂糖	30克
牛奶	120克	柠檬汁	1克

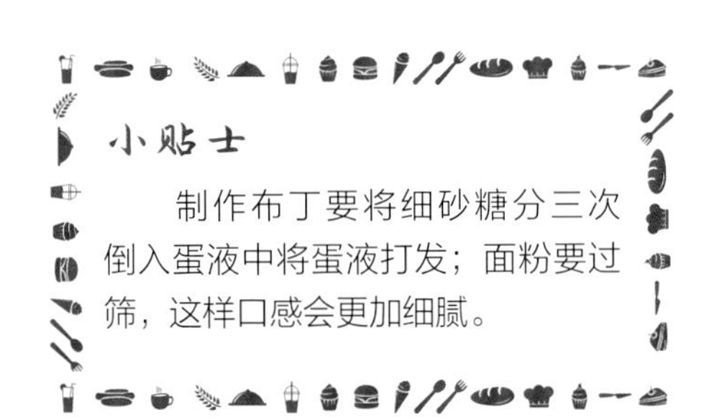

小贴士

制作布丁要将细砂糖分三次倒入蛋液中将蛋液打发；面粉要过筛，这样口感会更加细腻。

制作步骤

1. 鸡蛋打成蛋液，分三次加入细砂糖打发。
2. 筛入低筋面粉，倒入牛奶、柠檬汁搅拌均匀。
3. 洋梨去皮，切小块。
4. 将洋梨摆入容器中。
5. 倒入面糊，没过洋梨。
6. 放入盛有水的托盘中，放入预热好的烤箱中，上下火 180℃，烤 30 分钟即可。

芒果布丁

芒果布丁

在古代可以熬成冻的食材都比较天然，比如谷物的粥冻、鱼和肉的冻、水果的果冻。而现代烘焙甜品中为了方便和稳定，一般都用专用的凝固剂，比如我们常用的吉利丁片或吉利丁粉、明胶或琼脂，都是比较普遍的。

在欧美甜点中，我们还是比较容易接受有清香水果味的布丁类，芒果布丁就是一种。

原料

细砂糖………… 35克　　吉利丁粉……… 12克
淡奶油………… 40克　　芒果……………… 1个

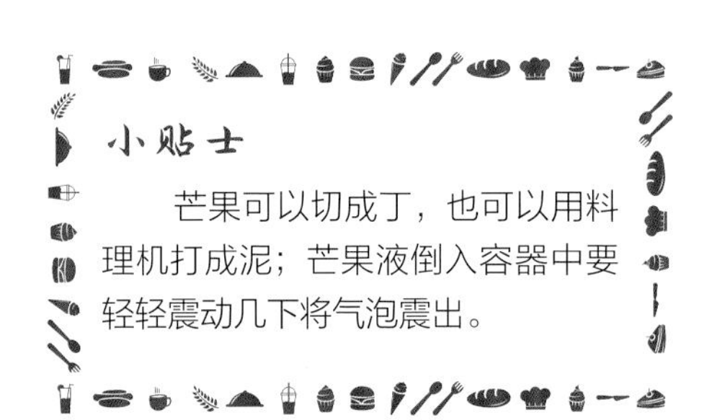

制作步骤

1. 将芒果去皮切成小丁，然后捣碎。
2. 将吉利丁粉放入盛有70℃热水的容器中搅拌至完全溶化。
3. 放入细砂糖和芒果泥，搅拌至细砂糖完全溶化。
4. 加入淡奶油搅拌均匀。
5. 倒入模具中，放入冰箱冷藏1小时，就可以享受美味了。

菠萝布丁

菠萝布丁

布丁起源于英国，布丁类食物历史悠久，演变到现代是非常有代表性的甜品。现在的布丁雏形一直到十六世纪伊丽莎白一世的时候才出现，当时除了水果、果汁、面粉以外，还有肉汁的成分。一直到了二三百年前才有了现代布丁的蛋、奶、面的主要成分配方。现在，随着食品工业的发展，布丁中主要凝固的物质已经变成了吉利丁粉、明胶或琼脂。

原料

鸡蛋	2个	菠萝	120克
淡奶油	50克	细砂糖	20克
盐	5克	牛奶	150克

小贴士

布丁液倒入容器中后轻轻震动几下将气泡震出。

扫一扫
详细步骤视频
即可呈现

制作步骤

1. 容器中倒入热水，将牛奶隔水加热。
2. 牛奶倒入容器中，加入鸡蛋。
3. 放入细砂糖、盐、淡奶油充分搅拌至盐、细砂糖完全溶化。
4. 将搅拌后的蛋液中的残渣过滤掉，这样布丁的口感会更细腻。
5. 过滤后的蛋液倒入容器中，加入切碎的菠萝。
6. 托盘中倒入水后，放入盛有蛋液的容器，放入预热好的烤箱，上下火 150℃，烤 30 分钟。
7. 烤好的布丁取出晾凉后，放上切好的菠萝就可以食用了。

蛋黄酥

蛋黄酥

蛋黄酥有些类似我们中秋节的月饼，不同的是蛋黄酥外酥里嫩，口感上层次更多一些。蛋黄酥在选择咸蛋黄、莲蓉上很有讲究，正所谓，有好的食材才能做出好的食物。传统的蛋黄酥使用的是猪油，而现今大家都比较喜欢使用黄油制作，也可以根据个人的喜好选择使用的油类。

原料

原料	用量	原料	用量
低筋面粉 1	100 克	黄油 1	45 克
低筋面粉 2	140 克	黄油 2	45 克
莲蓉	150 克	盐	5 克
咸鸭蛋黄	10 个	细砂糖	20 克
白芝麻	6 克	水	适量

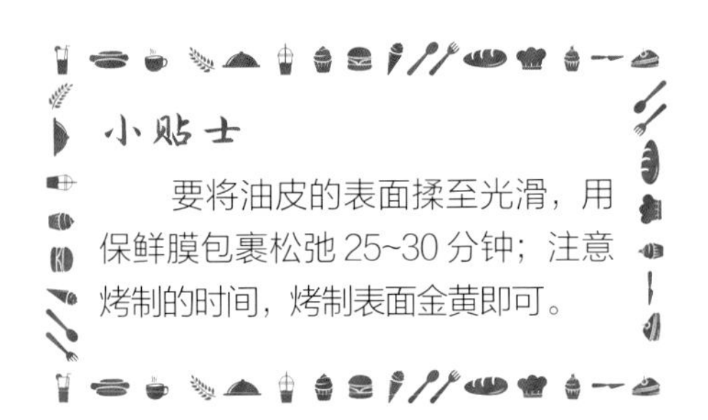

小贴士

要将油皮的表面揉至光滑，用保鲜膜包裹松弛 25~30 分钟；注意烤制的时间，烤制表面金黄即可。

制作步骤

1. 咸鸭蛋黄放入烤箱中先烤熟，上下火 170℃，烤 20 分钟。
2. 容器中注入热水，全部黄油分别隔水熔化。
3. 制作酥皮：低筋面粉 1 中倒入黄油 1，搅拌均匀后饧发 20 分钟。
4. 制作油皮：低筋面粉2中加入细砂糖、盐、黄油2、适量的水，揉成光滑不粘手的面团，饧发20分钟。
5. 油皮分成若干个小面球，每个 10 克，饧发 15 分钟。
6. 酥皮分成若干个小面球，每个 10 克，饧发 15 分钟。
7. 莲蓉分成若干个 30 克的小球。
8. 将莲蓉馅碾压成圆饼状，然后把咸鸭蛋黄包裹起来。
9. 把油皮面团擀成面皮，然后把酥皮团包在面皮中，再擀成夹心面皮。
10. 将面皮卷成面卷，然后将面卷擀成长条面片再次卷成面卷。
11. 将面卷压扁，再擀成面皮， 然后将做好的莲蓉蛋黄馅料包到面皮中揉成圆形摆在烤盘上。
12. 表面抹蛋液，撒上白芝麻，放入烤箱中，上下火 170℃烤制 25 分钟即可。

杯装提拉米苏

杯装提拉米苏

提拉米苏的意大利语是tiramisu，意思是“马上把我带走”。提拉米苏以马斯卡彭芝士作为主要材料，再加上蘸过咖啡酒的手指饼干，最上面一层撒上苦味的咖啡粉或可可粉，形成了提拉米苏独特的口味。现在很多的烘焙店都销售提拉米苏，但是为了迎合大众口味都做得比较甜腻，建议大家还是在家中自己烤手指饼干，自制低糖的提拉米苏，口味会更纯正，也更健康。

原料

低筋面粉……… 40克
淡奶油……… 200克
马斯卡彭芝士……180克
蛋黄1…………… 3个
蛋黄2…………… 2个
蛋清……………… 3个
牛奶…………… 25克
咖啡粉………… 25克
细砂糖1……… 20克
细砂糖2……… 20克
细砂糖3……… 25克
咖啡酒1……… 10克
咖啡酒2…………适量

小贴士

马斯卡彭芝士是制作提拉米苏的必备原料；制作蓬松的手指饼干会提升提拉米苏的口感，如果没有手指饼干也可以用蛋糕代替，将蛋糕掰成小块。

扫一扫
详细步骤视频
即可呈现

制作步骤

1. 将蛋清放入容器中打发，打发过程中放入细砂糖 1，直到蛋清打发结实。
2. 把蛋黄 1 放入容器中打发。
3. 打发好的蛋黄倒入打发好的蛋清中，用硅胶铲翻拌均匀。
4. 低筋面粉筛入到蛋糊中，搅拌均匀。
5. 搅拌均匀的面糊倒入装裱袋中。
6. 把烘焙纸铺在烤盘上，将面糊挤到烘焙纸上呈条状。
7. 将烤盘放入预热好的烤箱，上下火 170℃，烤 15 分钟。
8. 蛋黄 2 放入容器中，加入细砂糖 2、咖啡酒 1、牛奶搅拌均匀。
9. 将搅拌好的蛋液倒入平底锅中，小火加热，边加热边搅拌至黏稠状。

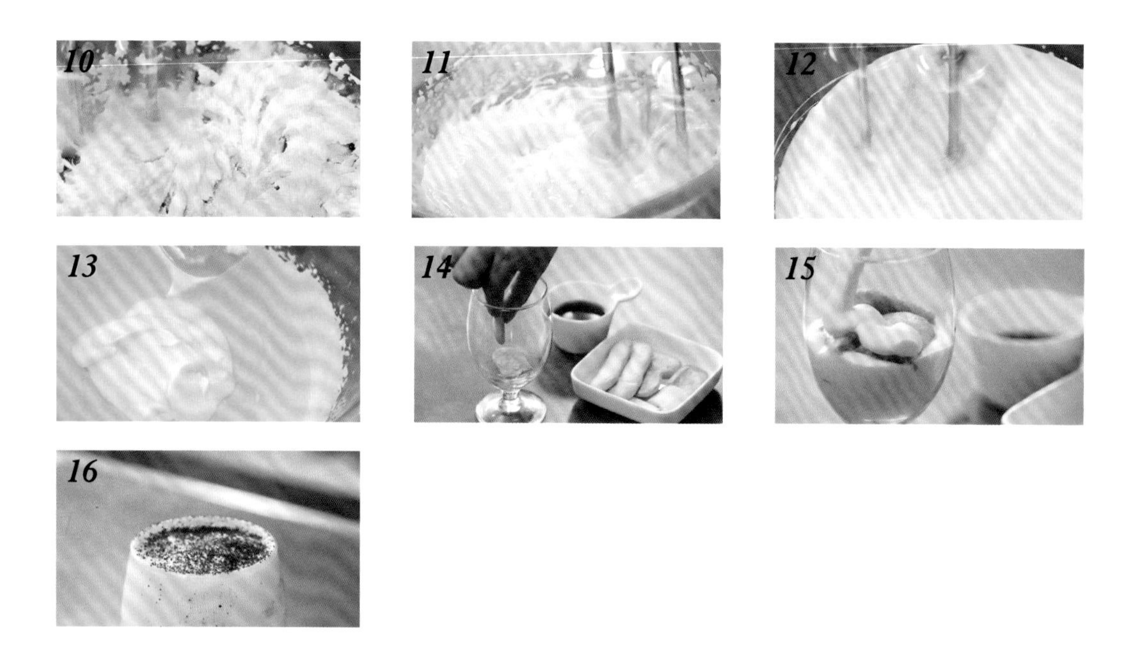

制作步骤

10. 将马斯卡彭芝士倒入容器中打发。
11. 打发好的马斯卡彭芝士中倒入晾凉后的蛋糊，搅拌均匀。
12. 淡奶油中加入细砂糖 3 打发至硬性发泡。
13. 将打发好的淡奶油加入马斯卡彭芝士糊中翻拌均匀，加入装裱袋。
14. 准备好适当大小的酒杯，将烤好的拇指饼干掰开后蘸好咖啡酒 2 放入杯底。
15. 挤上一层奶油，然后再铺上一层蘸好咖啡酒的拇指饼干，重复这个过程，直至装满杯子，杯口的最顶层挤满奶油刮平，放入冰箱冷藏 2 小时。
16. 从冰箱取出后均匀地撒上一层咖啡粉，就可以享用了。

我的烘焙手账

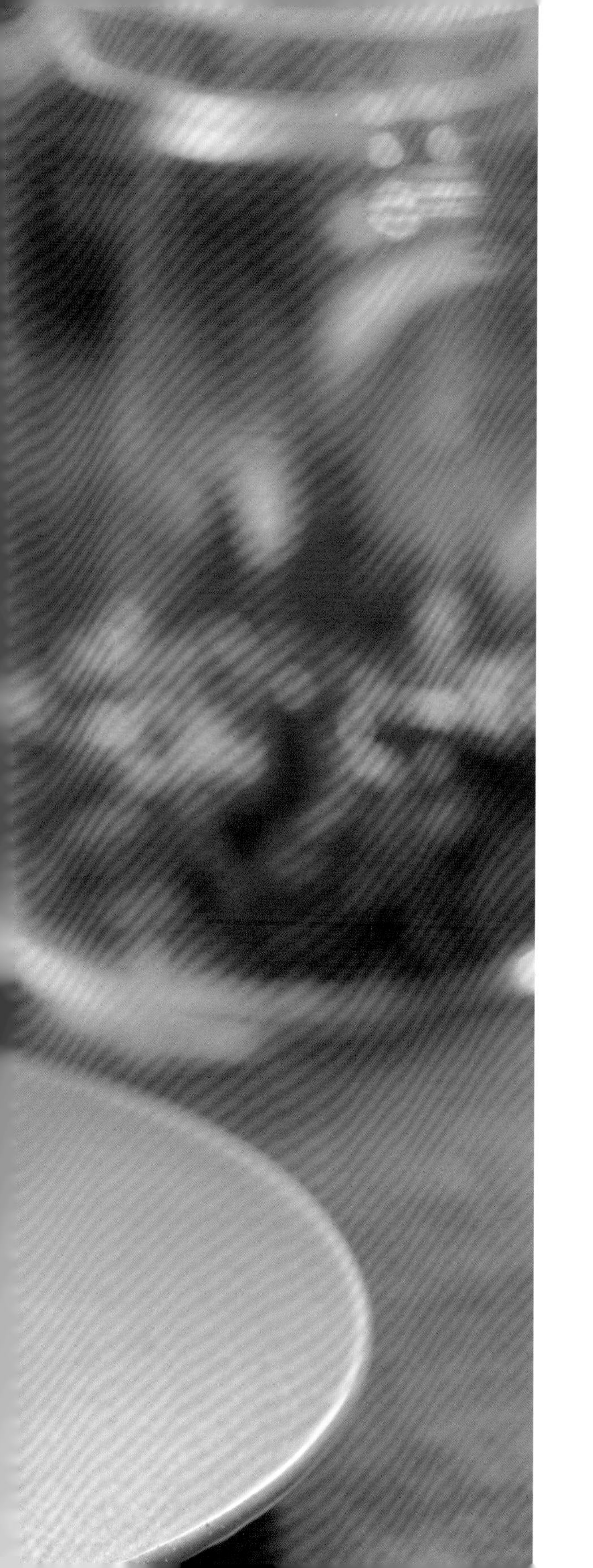

双色慕斯

双色慕斯

这款双色慕斯，除了巧克力和奶油的颜色搭配外，还增加了抹茶的口味。抹茶制作基本工序有十几道：搅碎、蒸汽杀青、冷却、烘干、梗叶分离、去除砂石、杀菌、快速干燥、研磨等。正是因为这样烦琐的工序才创造出抹茶这独特而复杂的美妙滋味，这也是很多人喜欢抹茶的原因。

原料

吉利丁粉……… 10克　　细砂糖………… 40克
抹茶粉………… 10克　　淡奶油 ……… 180克
鸡蛋……………… 2个　　牛奶 ………… 180克
水………………… 适量　　巧克力碎 …… 120克

小贴士

淡奶油放入冰箱冷藏3小时再取出打发，打出的奶油更细腻；巧克力慕斯糊倒在蛋糕坯上后放入冷冻室冷冻8~10分钟，这样表面更光滑。

扫一扫
详细步骤视频
即可呈现

制作步骤

1. 牛奶倒入锅中，放入细砂糖、巧克力碎小火煮至巧克力完全熔化。
2. 将鸡蛋搅拌均匀。
3. 将巧克糊趁热倒入蛋液中，要慢慢地倒，边倒边搅拌。
4. 吉利丁粉中加入适量的水使之溶化，放入冰箱冷藏 10 分钟。
5. 容器中注入热水，将冷藏的吉利丁粉隔水熔化。
6. 将吉利丁粉倒入巧克力糊中搅拌均匀。
7. 淡奶油打发。
8. 将一部分打发的淡奶油与巧克力糊混合搅拌均匀。
9. 将巧克力糊、剩余的打发的淡奶油分别装入裱花袋中。
10. 先将容器的底部挤上巧克力糊，然后再挤上一层奶油。（重复上面的步骤直至杯子装满）放入冰箱冷藏 2 小时，取出后撒上抹茶粉就可以品尝美味啦。

慢享烘焙
好时光